将来的你

一定会感谢现在拼命的自己

夏苏末 著

江西美术出版社
JIANGXI FINE ARTS PUBLISHING HOUSE

图书在版编目（CIP）数据

将来的你，一定会感谢现在拼命的自己 / 夏苏末著 . — 南昌：江西美术出版社，2017.5（2018.3 重印）
ISBN 978-7-5480-4340-9

Ⅰ . ①将… Ⅱ . ①夏… Ⅲ . ①成功心理 – 通俗读物 Ⅳ . ① B848.4-49

中国版本图书馆 CIP 数据核字（2017）第 033318 号

出 品 人：汤 华
企　　划：江西美术出版社北京分社（北京江美长风文化传播有限公司）
策　　划：北京兴盛乐书刊发行有限责任公司
责任编辑：王国栋　朱鲁巍　宗丽珍　康紫苏　刘霄汉
版式设计：刘 艳
责任印制：谭 勋

将来的你，一定会感谢现在拼命的自己

作　　者：夏苏末

出　　版：江西美术出版社
社　　址：南昌市子安路 66 号江美大厦
网　　址：http：//www.jxfinearts.com
电子信箱：jxms@jxfinearts.com
电　　话：010-82293750　0791-86566124
邮　　编：330025
经　　销：全国新华书店
印　　刷：保定市西城胶印有限公司
版　　次：2017 年 5 月第 1 版
印　　次：2018 年 3 月第 2 次印刷
开　　本：880mm × 1280mm　1/32
印　　张：7
I S B N：978-7-5480-4340-9
定　　价：26.80 元

前言

QAIN YAN

打不垮你的，让你更坚强

一个人在最低谷的时候，承受能力有多强？

25岁之前，我从来都没有考虑过这个问题。

25岁之后，我和我身边的朋友或多或少都遇到了命运设置的障碍。这些障碍总是来者不善，所以，有的时候会想，是否命运总是不怀好意。也许，这种沮丧和失意最能考验人，不同的人会做出不同的选择——跨过去的，将收获幸福；停在原地的，又会遭遇怎样的不幸呢？于是，我尝试把身边这些发生的事情用文字一一描绘出来。

我的发小出生以后就被寄养在乡下的外婆家，19岁那年，她终于跟父母重聚，但小她5岁的弟弟已经习惯了独占父母之爱，所以，他们的相处并不融洽。

24岁，她结婚。

28岁，她离婚。

如今，她带着年幼的儿子独自在异地生活。

我想给她安慰，可是能说什么呢，她根本就不需要。

经历了这不受命运待见的一段漫长时光，我没有听到过她的抱怨。她的QQ签名隔几天就会变一变。

“尝试着做了胡萝卜香菇蔬菜丸，宝贝吃得很满意。”

“业绩超额完成，下班前一秒得到最好的礼物。”

“出门去散步，雨后见晚霞，生活啊，真是美妙。”

……

你看，硬邦邦的命运永远阻挡不了柔软的梦，曾经以为怎么也过不了的坎，再回首，全成了记忆深处的故事。

有人说，经历过苦难，人会思索很多，也会改变很多；但也有人说，人是善忘的，就算经历过生死离别之痛，也会很快回归到琐碎忙碌中。

其实都对，也都不对。

谁都有不受命运待见的一段，生活的意义不在于杜绝它讨厌你，而在于怎样活得让它喜欢你。命运对你残酷，你就要扛得住。

故事里的每个主角，都是我们身边的普通朋友，他们伤过，痛过，遭过意外，受过情伤，犯过错误，走过弯路……他们的经历完全不同，相同的是，他们都跨过了命运设置的障碍。

微笑面对一切，对自己负责到底——这是他们对待生活的方式，也是我自己所期望能够达到的人生高度。

这里没有解决人生的励志方案，也没有上纲上线的成功教条，只有几十张描绘不同人生旅程风景的图画和一群年轻人接地气的成长记录。

渺小依旧渺小，物质依旧物质，可是苦却不至于那么苦了。

也许，生活原本就平淡无味，加什么佐料，全看自己的口味。

目录

MU
LU

PART 1

如果可以不努力，谁想要拼命

你会因为太过想念一份美食而驱车六十公里去享受它吗？
你会因为无法抑制心底出走的躁动而背起行囊马上出发吗？

那时的他，也远不如人

清晨刚过不久，房间里的清凉就稍纵即逝，像是手上捧着一把太空沙，还未来得及欣赏它的斑斓色彩，就滑落得一干二净了。

这真是个倒霉的夏天。

他望着书桌上的台灯和课本，突然把它们狠狠地摔在地上，像一只落荒而逃的水鸟般，从房间里跑了出去。

黄昏的海边，风景独好。清风抚摸着暗礁，过树穿花。

世界这般大，独属于他的，却只有方寸。

他就像百花丛中的一株杂草，悄悄地生根，悄悄地发芽，即使枯萎，也不会被发现。

小弟奔驰一小时后来到海边，看到不远处停着他的单车，忐忑不安的心顿时觉得安稳许多。不远处的沙滩上，他低垂着头慢慢走过来，兄弟俩四目相对，谁都没有说话。他们就这么沉默地穿过沙滩，摸黑骑着单车回了家。

这一天，是第二次联考张榜的日子。

他又落榜了。

其实他从小天资过人，甚至在上小学后就学会了自编自导，时常与同学聚在一起演话剧。有时候，男生们不肯演女生，他就自己反串，款步姗姗，一双灵动的眼睛竟然将女孩的敏感、娇羞演得惟妙惟肖。

这又怎样呢?

在以学习成绩好坏为评判标准的考核体系里，他的这些天赋显然不值得一提。

还好，他专科考得不错，就这样进了艺专的影剧科。

艺专的生活环境很差，宿舍简陋，伙食粗糙。他的脸上，完全感觉不到入学的喜悦。有的同学读了一个月就办理了休学，准备回家重考。他也这样打算着。

事实证明，很多看得见的傲慢，往往滋生于偏见。非得让现实给你一巴掌，才能看清命运的盛情以待。

在他做决定之前，恰逢学姐编导了一场舞台剧，万事俱备，独缺男主角。

他多愁善感的忧郁气质非常契合男主角的“诗人”身份。在同学的强烈推荐下，他被选中。

记得第一次演出，聚光灯下，他在舞台中央，全身散落着点点星光，暖黄色的光将他的脸照得格外朦胧。

台下乌压压一片，看着黑暗中观众亮晶晶的眼，他沉闷的灵魂在这一刻被打动了。他发现，原来人生可以不是千篇一律的读书与升学。

他找到了真正的自己，自信的喜悦涌过心头，这样的归属感让人无法抗拒。

自此之后，他一路担当男主角，同时自编自导独幕剧，还尝试着改编和导演外国剧本，对电影也有了更深层的认识。

学校拍不起电影，技术组的同学在毕业前才有机会摸一下十六毫米的摄影机。大二那年，他看到有人在拍超八毫米影片，终于忍不住跟父亲要了钱，委托同学从香港带回了一台机器。

摄影机到手，他兴奋地从观景窗望出去，璀璨的日光下，一簇鲜花舒展着花叶，饱满的水珠慵懒地卧在叶面上，在阳光的折射下晶莹似琥珀，缤纷的美景淡入心灵，扰得人心怦怦直跳。

“你有什么打算？”高一那年，他的父亲曾如此问。

“什么科目都不喜欢，我只想当导演。”他回答说。

那时他对电影充满了向往，却对导演不明所以。

此刻，观景窗折射进他眼里的是另一个世界，这个世界里可以由他尽情挥洒。他顿时觉得热血沸腾，觉得应该立马做点什么。

他找来朋友，拿出竹条和宣纸，用小锯在每根细弱竹条的端口锯出缺口，周而复始。然后，他们用绳子将竹条的各种零件连接到一起，竹条的四端都被绳子用力地绕过，一副风筝的骨架终于完成了。接着，他们把这副骨架放在宣纸上，沿着骨架线的外2.5厘米处用粉笔细细勾勒出样本。多出来的宣纸被用来包住绳子，胶条将它们牢牢黏紧。现在，一只白鹭风筝终于做好了。

终于可以试飞了，他们扯着风筝线往前奔跑，不知是由于风力太小，还是风筝太重，总之，他们跑得满头大汗，“白鹭”也没能飞上天。不仅如此，在这反复的折磨里，“白鹭”的脖子居然断了。

两个人埋头苦干几天的成果就这么毁于一旦。

可倔强的他又怎会服气呢？

隔年四月，他一个人重新做了白鹭风筝当道具，用摄像机拍了一部18分钟的黑白短片：

时间悄声无息，落魄的画家正在郊外写生，突然，一只白鹭从空中悠然飞过，它纤瘦，羽毛雪白，细长的脖子和双脚伸展成一条直线。

画家·看着翱翔的白鹭，放下了手中的笔，他想做一只白鹭的风筝。

“一连三天下午，他都守在后院的那丛月季花旁边，聚精会神地做那只风筝。终于带着风筝走到河堤上，他一面向前走，一面放线。他向前奔跑起来，但白鹭没有飞上天，而是七歪八斜地倒栽落地……”

风筝一次次落地，艺术家面临理想与现实落差的挫折与挣扎，被镜头一一刻画。

这部灵感来自余光中先生的短篇小说《焚鹤人》，他改编成默剧，命名为《星期六下午的懒散》。正是这部短片，帮他进入了纽约大学（NYU）电影系。

纽约素来是追梦者的福地，而NYU孕育了他的电影人之路。

NYU的学生时代很快过去，他的毕业作品《分界线》在纽约大学影展中得了最佳影片与最佳导演奖。

他用八个大纸箱打包了所有的物件，在准备回台湾发展的前一晚，美国著名的经纪公司找上门来要跟他签约。

眼前的经纪人口若悬河，极尽吹捧：“你将来在美国没问题的，若有人因你是中国人的身份觉得有问题，那就是他们的问题。”

太太的博士学位差半年就能拿到，孩子尚不足一岁，留在美国陪着他们似乎挺好的，他想着。

本以为一纸合约签过，从此以后的生活都是在敞亮的晴天里步履生风，谁知狰狞的命运随意捉弄，他就在泥泞里困了六年。

那段时间，每隔一阵子，总会有公司打来电话找他："小伙子，你的学生片拍得很棒，我们来谈谈怎么合作吧！"

于是，他和朋友写了剧本，准备到好莱坞去试试。

十几天跑了三十家公司，有喜欢剧本的人就会建议让他将剧本的某些部分进行修改，三番五次地修稿，但结果依旧无疾而终。

他一直心怀希望，而现实却始终与梦想背道而驰，刚开始他还肯谈谈理想，三四年后依旧一事无成。他再不好意思开口提理想，人也变得有些自闭。

毕业六年，他就这样耗着，一家人靠着太太微薄的薪水度日。他买菜，做饭，接送孩子，将家里收拾干净，然后继续埋头阅读，看片，写剧本。

第二个孩子出世的时候，岳父、岳母来美国帮忙。

岳母看他饭菜做得好，忍不住提议："孩子，你这么会烧菜，我来投资给你开餐馆好不好？"

饭后，他在弥漫着白烟和煤气味的狭小厨房里想着这几年的生活，不可否认，他们窘迫的生活也有一些平淡温暖的色彩。今天岳母的提议，点醒了他，作为一个男人，怎么能就这样做一个让太太去辛苦奔波的主夫呢？已经六年了，是该放下电影梦了。

晚上，他枕在薄荷味的枕头上，两眼放空地望着低矮的天花板。

他辗转反侧想了又想，他无法接受岳母的资助，决定还是去学一门计算机好了，这似乎是能让他在最短的时间内获得一技之长的学科。

细心的太太很快在他的书包里发现了课程表。

一夜的沉默之后，太太在出门前，站在窄窄的台阶上转过身，她看着他说：“安，不要忘记你的梦想。”

相知多年，聪慧的她怎会察觉不出他的消沉呢？

那一刻，仿佛有一阵风起，把他带到了多年前的海边，身边的潮水涨了又退，而理解他的人一直都在。

他拿出包里的课程表，撕得粉碎，向门口的垃圾桶扔了进去。

每个人都会遇见人生的低谷，有的惨到谷底，有的在半坡中。关键不是你跌得有多惨，而是你能不能坚持着，再勇敢爬起来。机会往往出现在最艰难的前方。

几个月以后，机遇终于在他三十六岁这年来到身边。

他的剧本《推手》和《喜宴》在台湾获奖。

鸿运来时一发不可收，随后他的事业一再高潮。

2001年，他执导的《卧虎藏龙》摘得第73届奥斯卡最佳外语片桂冠。

2006年，《断臂山》荣获第78届奥斯卡最佳导演奖。

2013年，《少年派的奇幻漂流》再一次让他获得了奥斯卡的小金人。

是的，他就是大导演——李安。

他的人生从一开始就走低，在最低谷的时候他没有放弃。就算是在家做主夫的六年里，他也每天看外语片，写剧本，梦想一刻不停。他当时的境况甚至比我们很多人还差，但他的不放弃让他成为了驰名中外的华人导演。

记得侯德健有首歌如此唱：“三十岁以后才明白，要来的，早晚会来。”

我觉得不需要等，需要不放弃。

很多事，正因为你去行动、去经历，才更加看清楚自己。

生活的面目很温柔，但凡有条件的理想都欠火候，如果你胆怯从零开始的冒险，满足收入尚可的轻松，担心转换的跑道的颠簸，你可以将你的理想回炉重造了。

就像一粒沙，由于偶然的机缘，掉入蚌的壳里。蚌拼命地想挤出它，但无论如何也做不到。虽然很痛苦，但蚌却只能用自己柔嫩的肉去磨砺它、包容它、浸润它。悠长的时间过去了，沙终于变成了珍珠。是时间把痛苦打磨成了珍宝。

在骨感的现实面前，没有微不足道的尘埃感，脚步缓慢，心不动摇，才是梦想最永恒的模样。

我很高兴，我在此刻明白了这点。

张爱玲一生写作不离旗袍，李安五十六岁为拍片取景亲自学潜水。

你呢？

那些原以为一辈子都走不完的距离，一生都无法脱离的深渊，其实已经被你一步步走到过去里。

心若向阳，就会看到希望

周五，我端着一碗粉面四处寻找装花椒粉的小瓶，当被老板告知只有胡椒粉的时候，我不满地撇了撇嘴。

我真的不明白，为什么人倒霉了，连一道想吃的菜也寻不着。

保研失败，面试失败，除了沮丧，我还要生活。所以，我只好来到一家肯收纳我的公司做职员。

公司美其名曰广告传媒公司，实际上就是一家不入流的商演机构。

公司人事混乱，文员不仅要包揽办公室的所有工作，还要头顶烈日、脚踏灰尘地去联系一个又一个商家，还要配合公关部美女们各种心血来潮的消遣。

刚进公司的时候，我心态非常失衡，对公司失望，对待遇不满，看着身边素质参差不齐的同事，总会生出大材小用的无力感。尤其是看到微博上，同学们各种风生水起的状态占满了屏幕，反观自己，除了没有意义的工作就是无休止的加班，在这种强烈的对比之下更是相形见绌。脑袋盛满“万般皆是命，半点不由人”的颓废。

那时候，我对工作的各种不满悄然积累，然后不知不觉地发泄出来。易怒，暴躁，看什么东西都不顺眼，脾气很差，什么事都不想去做。

而雨薇，却完全相反。

这个坐在我对面的，在公司已经工作了三年的姑娘，跟大多数混日子的员工都不一样，她很认真。

比如，她每天总是最早一个到公司，当然，走得也很晚。

比如，我忍不住对隔壁办公室黑丝公关Ada翻白眼的间隙，她已经将办公桌收拾得一尘不染。

比如，对土豪上司甩来的一堆杂乱的票据，她总会耐心地一张张捋顺，再按照时间排序，并严格执行每张票据间隔不低于0.5厘米的标准，有条不紊地将它们贴在原始票据粘贴单上。

她不仅朴实勤奋，还心地善良，待人接物充满了善意，又特别乐于助人，以至于总有一些同事故意将任务推给她。我坐在她对面这么长时间，不曾从她口中听到一句抱怨，也从来没有听见她在背后说别人一句不是。

我越来越觉得工作像一碗没加料的土豆粉，虽然可以填饱肚子，却真的很寡淡。

她却将每一天都过得像新开始，电脑旁养着清新有朝气的多肉植物，桌子上贴满了“每天给自己一个微笑”“历经风雨才能见到彩虹”的励志标语，尽管它们听上去既庸俗又土气，她却非常相信这些话，并坚持身体力行，证明这些心灵鸡汤应该被信仰，而且具有魅力。

一开始，我觉得这姑娘不是没见过世面，遇到过挫折，就是被父母保护得太好。

这世界上，怎么还有人这么天真，还会如此笃定社会的美好和人性的良善？

后来，有幸跟雨薇住到一起，我才知道她从小母亲早逝，小学时父亲从高处摔下至今瘫痪在床。因为父亲的病家里欠下了很多债，雨薇还有一个没有血缘关系的弟弟正在读书。她仅有的工资，不仅要存下来给父亲看病、补贴弟弟的生活费，还要偿还数额偏高的旧债……

当知道这些时，我什么话都说不出来了。

我一直觉得自己足够悲惨，一直埋怨命运不公，如今，与雨薇所经历的种种相比，我的这些悲春伤秋太微不足道。

雨薇很小的时候，家里环境就不太好，住的是老房子，偶尔睡觉的时候，床上会有蟑螂爬过，雨薇只能吓得蜷缩在凳子上度过无眠的夜晚。

母亲去世后，雨薇每天都要早早起床做饭，唤醒年幼的小弟，再服侍父亲吃饭，然后才去上课。脚不沾地地忙上一天，回到家看到木板床，大脑就异常欢喜，整个人还没贴上床沿，身体就已经恨不得睡到天荒地老，看到老鼠爬过也能淡然无视。

那时一到夏天，雨薇就特别害怕，因为一旦有大雨倾盆而下，屋里就得让脸盆、饭碗布满角落，外面疾风暴雨哗啦啦，里屋“大珠小珠落玉盘”。

每个休息日，她总会带上小弟去附近的住宅区捡塑料瓶子，运气好的时候还能收获一些旧衣服，这样她就不必为换季而发愁了。

我不知道那段时间她是如何在失去母亲的痛楚中匆忙长大，不知

道她这些年是如何用瘦弱的肩膀支撑着残破的家，她说这些话的时候脸上一直挂着恬淡的笑。

她说，在最苦的时候，她想的都是最美好的事。母亲去世，她觉得母亲变成了天使守护自己，和弟弟去捡塑料瓶，他们当成寻宝游戏……

她一直坚信，一切都会好起来的："爸爸的身体在逐渐康复，小弟也要读大学了，看，生活真是像我预期的那样，挺美好的。"

她真的很感恩。

其实生活可以有很多种样子，有的人看到美好，有的人看到痛苦，有的人看到残酷，有的人看到温柔。有的人在平淡的日子中过得很艰辛，有的人在苦难的日子里过得无限美好。

人的内心，就是生活折射给你的样子，你期望着什么样的生活，生活就会呈现给你你所想要的样子。

我们都说内心强大才能抵御世间的苦难，其实强大的内心不一定非要咬着牙每天苦苦逼迫自己去坚持。我看到的雨薇，永远都挂着笑容，柔和、淡然。真正的强大，是内心的淡定、从容。这样的内心，能化解所有的苦难。

这几年来，雨薇过得踏实满足，每一份努力都在循着要去的方向缓缓前行，她慢慢开始实现了之前碍于贫穷而无法实现的愿望。比如，她热心公益，以前因为贫穷和工作的忙碌没法儿参加，岁月走过，阅历渐长，现在她如愿以偿地成为了一名社区志愿者；比如，去年她在忙碌之余终于攒足了学费，去考了会计师的职称；比如，今天，她终于拿到了一份更理想的offer（录用通知函）。

窗外，笔直干净的柏油路上，被修剪得规规矩矩的法国梧桐以虔诚的姿态站在熟悉的阳光下，星星点点的温暖透过茂密的枝丫斜洒过来，照得雨薇的脸上也似乎泛着光。

日月窗前过马，风尘天外飞沙。

那一刻，我觉得世间万物都不敌她美丽。

因为命运，她没有色彩斑斓的童年，从少年开始就要每天早早起床照顾爸爸和弟弟，别人最绚烂的青春于她而言，却是庞大的债务和廉价的衣服。

如今，她已经还清所有债务，迈上了人生一个新的台阶，每天忙碌充实。从年少时候就伴随她的苦难已然落幕，充实的生活背后生出了新的心愿和希望。

生活也很有人情味，它会看到你的坚持，你的勇敢，然后证明给你看，那些原以为一辈子都走不完的距离，一生都无法脱离的深渊，其实已经被你一步步走到过去里。

有人说苦就是人生，从我们呱呱坠地第一声啼哭开始，我们就已经知晓生命的苦难。

而我们的每一次跌倒、哭泣、迷茫，都是在铭刻这些生命的痛楚。

如果说生命这么苦，那生活还有什么意义？

你身在其中感觉不到快乐，脆弱泪流，瞻前顾后，不肯多说一句，多看一眼，多前行一步。然而你感觉的疼痛和艰辛，他人也曾有过，你原以为一辈子也走不完的距离，他人能三两步就抵达，不是他更幸运，而是他比你更早地看到了希望。

遭遇坎坷时，坚持下去，在将来，总会有不期而遇的惊喜等着你。怀揣着希望，才会不乱于心、不困于行。

当你无所畏惧，耐心地、诚恳地接受现时正在发生的，你会发现：生活，它真的不忍心苛待你。

没有哪里有更好的生活，哪里都会有困难和艰辛，不知所措的时候，就继续坚持吧！往前一步，就是繁花似锦。

不知所措的时候，坚持的就是对的

凌晨三点，大雨过后的柏油路反着光。

莫楠的左手握着右手，不断摩挲着食指的TASAKI戒指，这戒指是她很喜欢的牌子，戒面是小巧的碎钻和珍珠攒成的小花，素雅又生动。当初在专柜见到时，她往食指上一套就舍不得摘下了。

今天，莫楠加班至凌晨三点。

紧张之后的松弛，让人感觉格外轻松。她为自己倒了一杯蓝山咖啡，斜倚着巨大的落地窗，眺望远方。

夜色深不可测，小汽车携着急促的喇叭声在街上飞驰，纵横交错的霓虹广告牌散发出朦胧的味道，法国梧桐直挺而铺张的枝叶在半空中交汇，在浮光掠影里生出长驱直入的快感。

莫楠就这么静静地站着，脑海里浮现多年前只身而来的，无畏无惧的自己，突然觉得鼻头发酸。

这让她想起来，上一次彻夜的加班已经是十年前。

十年前，网络上还没有“城市迷走族”一词。莫楠辞掉了家人安排的工作，尽管这份工作人人羡慕，她却觉得生活不该如此寡味，于是辗转来到千里之外的广州，打算重新开始。

时至今日，莫楠仍记得离家的那天，母亲的眼泪和父亲的怒不可遏。

“你长大了，翅膀硬了，既然要走，就再别回来！”

她一言不发，沉默而固执地拎起了行李箱，心里憋着气，暗暗发誓将来一定要让他们刮目相看。

然而，现实就像一记耳光，重重地打在她脸上。

切断了过往的一切人脉和资源，新的起点远比想象中困难得多。

整整三个月，尽管她不断去寻找机会，却始终没得到一份录用通知。曾经引以为豪的工作经历毫不留情地被无视，彼时的雄心万丈如今在骨感的现实里一落千丈。

仍记得，那场面试。

胖胖的面试官斜着狭长的眼睛，跷着二郎腿，将她的简历抖开。

“你是本科？学历这么低。”对方一副遭遇拦路乞丐时满含厌恶的口吻。

“可是，招聘启事上写的是本科或本科以上啊。”莫楠额头冒汗，双手局促地扭在一起，怯怯地说。

“那是针对广州本地人，你是吗？”面试官咄咄逼人。

莫楠无奈地摇了摇头。

面试结束，莫楠疲惫地走在大街上，烟灰色的天幕下，不远处的太和文化广场热闹非凡。

走进地铁入口，莫楠想到最近几天已经艰难到一天只敢吃一顿饭的地步。站在站台上茫然四顾，看着眼前行来过往、乌压压的人群，她不知道自己该向哪个方向走。

想着刚才的面试，想着在她转身的刹那，面试经理将她的简历包上口香糖，随手扔进了废纸篓里的傲慢。莫楠眼眶一热，顾不得路人诧异的目光，积攒多天的眼泪终于忍不住流了下来。

几乎穷途末路时，她终于等来希望的橄榄枝。月薪不足三千，天蒙蒙亮就要从床上爬起，搭半小时公交车，再转一小时的地铁去上班。

钱包干瘪，莫楠在住房问题上也面临着不停搬家的窘迫。就像有一只巨大的怪兽在后面追赶着，她必须得要么周末全天跑上跑下，要么不断拨打着电线杆上小广告的电话，要么挣扎在打包和求宿的境遇中。

工作则是既忙碌又枯燥，不是夜以继日地与各式表格打交道，就是伏在办公桌上与手工账本里的蝇头小字做斗争。倘若遇到收支不平衡，还得心急火燎地找出那笔微毫的数字差，越心急越手忙脚乱，于是彻夜翻着凭证对账本就成了莫楠生活里最常见的桥段。

之所以反复对账经常是因为彪悍的会计在某个神经搭错的瞬间豪迈下笔，把0添成6，把6倒成9。

尽管这样的差错不时上演，但是面对会计大婶一身白花花的横肉和斜睨的小眼神，菜鸟莫楠对此也只是敢怒不敢言。

加班得到的好处只有一身酸疼，莫楠累狠了就陷在沙发上半生半熟地睡一会儿。

七个月后，公司倒闭，她失业了。

这是莫楠来广州的第一年。

凌晨三点，橘色的灯光洒满小小的出租屋，狭窄的窗台上云竹叶子上泛着微亮的光。莫楠躺在床上不愿起来，很累，也很舒服。窗外如深渊一般的深夜，看得人想纵身一跳。

气氛突然变得很悲伤，她的眼泪当即滂沱而出：明明在父母身边可以工作得更好，何必摸爬滚打地挣扎在这钢筋水泥筑的大城市，甚至，还得不到一个预期的结果？

逃离的念头再一次萦绕心间，她一个个电话打过去，向学姐请教，跟闺密商量，和发小讨论，甚至不知所措到抛硬币以求获得上天的指示。后来，她给妈妈打电话，试探地问，若回家可好？得到的回应是妈妈欣慰又疼惜的肯定。

可是，就这样算了吗？

当初她羡慕别人的努力，羡慕他人的生活风生水起，羡慕他人年纪轻轻已担大任的强大，羡慕他人一边打工一边旅行的洒脱。现在，又要转身去继续之前嗤之以鼻的生活吗？

挂在嘴上说说的人生，又有什么资格获得想要的生活呢？

内心世界的两个小人交战甚酣，墙上的时钟嘀嗒、嘀嗒走着。辗转难眠，莫楠烦恼地昂起头，看到指针已赫然指向五点。

晃荡着去路边的小摊吃着油条喝着豆浆，在油乎乎的板凳上，在腾腾的热气中，于他人的匆忙中，前一刻还在留下与离开的抉择里惶惑的她，终于横下心决定留下。

生活不会永远如我们所愿，只身逃离不会扭转乾坤，纵然头被撞破，血流一身仍得不到好的结果又怎样，至少不会在年老时后悔当初。

找工作依旧很艰辛。

莫楠工作的第二家公司是一家德资企业。

新的工作忙碌而有节奏，本来她对这份工作的满意度是百分之百，然而当发现德国佬那只随意揩油的肥腻大手，莫楠眉头紧蹙，心底一下变得黯然。

某个星期五，行政部盘点办公室易耗品，让莫楠忙得团团转。

她双手捧着文件夹正要回到自己的办公桌前，忽然臀部被划了一下。她一怔，回过头去，非礼她的经理正看着她挑衅地笑。

愤怒袭上心头，这个杀千刀的德国佬，竟敢趁机占便宜！莫楠刚要骂出口，主管已经在叫她："小莫，赶快把月报表整理出来。"

莫楠又看了经理一眼，那色眯眯的眼里仿佛也生出一双毛茸茸的爪子，她顿觉喉头一紧，紧接着鼻头一酸，眼泪几乎要落下来。然而，她只是不动声色地坐回了座位。

屈辱吧？

想愤然离职。

但是，离职以后呢，再尝一次三餐不继、四面无援的滋味吗？

骄傲？原则？自尊心？

呵呵！

在填饱肚子之前，这些，屁都不是！

那天，莫楠在广州已待足两年。

十年后，微博上已经有人将“城市迷走族”的概念提出来，并为之总结出“走过几次的路仍然没有印象”“写联系方式时，突然不记得自己的手机号码”“做菜时，糖与盐，酱油与醋傻傻分不清楚”等十二条具体表现。

莫楠看着这十二条标签，情不自禁地泛起微笑。

手机铃声忽然响起，莫楠放下手中的咖啡，接通了电话。

电话另一端是多年的好友，莫楠曾在广州招待过她。

她在美国攻读博士，为回国还是留下踟蹰不安。

“不知所措的时候，坚持下去就是对的，坚持到底你就会豁然开朗了。”莫楠这样对电话另一端的朋友说。

简单的一句话，她足足用了十年来验证。

十年，她的事业有了进展，一路前行，见识了不靠谱公司的坑钱手段，领略了高大上公司的格子间争斗。当然，薪水和位置也一路水涨船高。

如今，她偶尔会站在办公室的落地窗前，俯瞰这座城市，回忆起当年。

迷走，不是伯牙、子期知音难觅的怅然，而是人在心途迷失了方向，忘了来时的路，失去了出去的方向。我们之所以疼痛不堪，不是丢失了视线所及处那些心爱的物件，而是一不小心坠入密树浓荫的迷障。雾霭模糊了心之所往，行走其中，不自觉地浮躁，且毫无知觉地遗忘了最初的目的，渐渐屈服。

生活的肌理却是点滴，或哭或笑，或肆意或失意，一点一滴都是其骨架的零件，然后才铸就了真实有血肉的个体。所谓成长，没有谁与你感同身受，它往往滋长于顽强不屈的自助，既然选择了生活的某个方式，你必须自己驱散迷雾，因为没有别人能帮助你。

星期一，下午茶时间。

部门的年轻职员七嘴八舌聚在茶水间。

几个女孩此时正在兴奋地交流着办公室八卦，她们眉飞色舞，空气也掩不住这份欢喜。

莫楠拿着骨瓷杯朝茶水间走去，她准备冲一杯咖啡醒醒神。

"莫姐真是太不近人情了，我就错了一个小数点，至于板着脸嘛，还是缺爱的三十岁老女人都这样啊？"

一句抱怨，传入她的耳中。

她走到门口。

"是啊，你看她有多无趣。"同仇敌忾的附和声已先她一步响起。

气氛变得尴尬，女孩蜜桃一般的肌肤泛出虾红色，漂亮的大眼低垂着，手脚不知如何安放，圆润的鼻头甚至冒出了细密的汗珠。

莫楠瞄了她一眼，便不动声色地移开了目光。

这个城市与十年前相比并无质的改变，萝卜糕依旧缺少萝卜浓郁的香气，加班的晚上也仍有大雨倾盆。

苦尽甘来的好处不言而喻：低欲求，易满足。

每当听到这样的吐槽，莫楠总是一笑而过。

回头去看过往的辛酸，比起青春的哀与乐，拼搏的甘与苦，莫楠真心觉得，即使被手下的员工认为太不尽人情，也不能降低要求。毕竟，作为一个上司，有太多的事情要考虑。

凡事非常态才容易生美。

你不需要别人的怜悯和关怀，你真的不需要。

眺望马路对面的肠粉摊，莫楠贴着玻璃窗，饶有趣味地看了又看。

做选择的最终目的就是为能拥有一个自己的世界，能自己掌控一切。没有哪里有更好的生活，因为哪里都会有困难和艰辛，不知所措的时候，就继续坚持吧！往前一步，说不定就是繁花似锦。

柏油路自有它的曲直，而生活总会留点鸿运给固执的人。

青春的“治愈系”本就是远方，从一座城市到另一座城市，迎来送往，总有人会目送我们走上更远的路。

恰到好处的孤独

微博上，韩少感慨：“懂越多就越像这世界的孤儿，走越远就越明白世界本是孤儿院。”已是而立之年的他虽被物质和世故裹挟，说话依然有直抵心灵的犀利。

《世界报》评论：“中国的年轻人从大学一毕业就成为中年人，为了柴米油盐精打细算。”

曾经志存高远，如今泯然众人。你焦虑，你恐惧，觉得自己脸蛋不美，经济不足，事业不高，你感叹没背景只有背影。于是，你变得越来越没有热情，思想寡味，没内涵只有内伤。

你跟朋友讨论工资、房子和养老，讨论八卦绯闻，讨论贪污腐败、舆论失信，讨论天灾人祸灵异事件，就是不讨论——梦想。

而你，还年轻的你，因为见多了贫富差距，体验了现实的骨感，便早早地忍受悲伤，将“白日梦”雪藏了。

拼累了休息一下固然无可厚非，但，你从此就以怕累为借口将自己困在枷锁中，还要青春做什么？！

你还没那么老，累了又怎样？累了就享受孤独嘛。

至少，张小七是这么想的。

张小七向学校申请走读，那是高三下学期，爸爸在郊区租了间平房。从宿舍搬出来那天，天空飘着鹅毛大雪，张小七和爸爸坐在卡车的后排，锅碗瓢盆、桌椅等家什一起被大雪掩埋。

出租屋是毛坯房，从天花板、墙壁到地板都由水泥浇筑，空荡荡的房间一片萧索。爸爸陪张小七从客厅走到卧室，不停地追问："冷不冷？冷不冷？"

房子没有供暖，张小七抱着暖宝宝，牙齿还打着战："不冷，不冷。"

他是真不觉得冷，反而他觉得自己太幸福了，在大家为复习迎考都喘不过气的时刻，他还能浮出水面喘口气，他的心很热乎。

想想那年真是又累又孤独啊！张小七每天埋头做题做到凌晨两点，累狠了就抬头看看墙上贴着的山大招生简章。在学校每个人都是独行者，对进进出出的人熟视无睹，因为舍不得说话啊，一张口既浪费力气又浪费时间。

张小七喜欢在晚上十点以后去隔壁胡同口的浴池洗澡，买张三块钱的门票在里面混上两小时，三十分钟洗澡，一分钟喝完一杯水，其余时间都在腾腾热气中背历史政治。

热乎乎地走出来，张小七瑟缩着脖子，脚踩着冰凉僵硬的水泥

地，轻手轻脚地进屋。有时，肚子发出“咕咕”的夜宵铃声，张小七就会去吃上一碗热汤面。摆摊的夫妻总是挂着一张苦瓜脸，煮的面也寡淡，他只能拼命往里面放醋和辣椒，才能在嘴里寻到一星半点的满足。

后来，听说面摊的老板得了急症去世了。

那一年，张小七刻意追求肉体的孤独，他在那单调的生活里，头脑前所未有地清醒，他很庆幸。否则，他认不清心灵深处的愿景，也走不上理想描画好的人生之路。

那一年，张小七想着小说，想着理想，想出逃，想壮游，想用自己的筋骨体验世界之大。

真是太危险了。

十九岁到二十五岁，张小七搬家无数次。

他和好几个人住在同一个屋檐下，有搬运工，有小情侣，有考研的，还有驻唱的。

每次新房客来的第一晚，张小七都会招呼他们在客厅里聚一次餐，之后的日子便关上房门各自做事。

那段时间，张小七依然很孤独。

他在等一个人。

她在张小七隔壁教室的时候，他等她。

她去了墨尔本，两地相隔，距离之远如同一道天堑，他还在等她。

长时间的等待让年轻的张小七变得像一个表皮饱满、内心干涩的橙子。

墨蓝色的夜空像绸缎一样包裹着安静的世界，张小七一脸安然地写字，等待奇迹，只有这样，他才能蹚过漫长的时光。

很多个晚上，张小七都宅在屋里写字。电脑桌前摆着一盆青草香的仙人球和她留下的收纳盒。张小七不动声色地写着幻想中的爱情模样。他给她写很长很长的邮件，日子真是寡味。

张小七常常听到有人喊他的名字，茫然地转身，却都是陌生的面孔。

那时候他开始爱上喝酒，酒这东西能给人带来转瞬的热情，过后则是深深的孤独。它的本质与爱情很接近。

若她懂，便知道他喜欢得一点也不快乐。

等待的第三年，他终于没有等到她。

他穿着发皱的衬衣、单薄的长裤，踩着人字拖，坐在电脑前。

酷狗播放着汪峰的歌："别哭，我亲爱的人，我想我们会一起死去；别哭，夏日的玫瑰，一切已经过去……"

旋律一响，眼泪从眼角流出，融进寥落的心底，变成了说不清道不明的孤独。

其实不过是失恋。

当时，他心气太高，怎么也不愿意承认，甚至妄想一秒变精英，站在高大上的位置上，以期望她就算看不到这里，也能感受他的存在。

事后，张小七才感谢这场违背了诺言的失恋。

他软弱、浮躁、一派天真，不坠入孤独之境，绝对不会看到它们是怎么把他变成了另外一个人。

《玫瑰花的哲学》讲得更哲理："每一枝玫瑰都有刺，正如每个人的性格里，都有你不能容忍的部分。爱护每一朵玫瑰，并不是得努力把它的刺根除，只能学习如何不被她的刺刺伤。还有，如何不让自己的刺刺伤别人。"生命的奇妙之处在于，经受住一场疼痛，心灵就会剥裂出更好的自己。

没有人不会受伤，我们不应该越成长越世故，应该在遭受了冷遇、品尝了孤独、经过了伤痛、遇到了挫折之后，以这些伤痕为代价，换得宽容和理解的能力。

二十七岁，张小七一整年搬过两次家，从济南到岳阳，从岳阳到北京。

每一次搬家，张小七都不会留下一件旧行李。

他幻想着到了新城市，换份新工作，换个人喜欢，一切就会好起来。

在北京的第一个月，雾霾迟迟不散，马路总是很干燥，衣服永远有股土腥味，张小七快要忘记空气也有过香甜的味道了。

张小七住北六环，他的第一个房客是个早出晚归的90后男生，每天在西二旗工作，下了班再去五道口的一家韩国餐厅兼职赚外快。他们每天能在喝水的时候打个照面，寒暄几句：

“今天怎么样呢？”

“挺好的。”

“你呢，累吗？”

“我还好。”

后来，男孩去了韩国，寄给张小七一张从济州岛发出的明信片。海风习习，白色的栅栏，鲜花烂漫，附着只言片语：我很好，你也保重。令人感动又感伤。

那么，张小七呢？

他每天七点起床，倒四班地铁去上班，一整天淹没在文字与图片中。

最快乐的时候是外出去拜访老专家，往返两小时的车程，张小七在出租车里看柳絮、楼房、胡同……这让他想起那句诗“凭莺为向杨花道，绊惹春风莫放归”，他很喜欢北京这座城市，可惜近几年，它越来越寡于向众人展现柔情。

此刻，他有一种不被接纳的孤独感。

有一次，张小七从老专家那里走出来，天空突然下起了暴雨。他在路边遇见一个年纪相仿的女孩，令人措手不及的暴雨让他们走进了同一家店。他们一起坐在窗边喝奶茶，还分享了一碗热乎乎的麻辣烫。

暴雨持续了很长时间，他们始终没有交谈。

不用想都知道聊天的内容会很乏味。无非是你做什么工作？你老家在哪里？你来北京几年了？

张小七宁可什么都不问。

他只是静静地看窗外热闹的雨，匆忙而过的行人和五颜六色的雨伞。店里有清新的旋律缓缓流淌，是Elvis Presley的《Are you lonesome tonight》。

暴雨过后，张小七和女孩就各自散了，像雨滴一样混进了人群里。

张小七觉得，在北京这样的城市是不太容易交到朋友的，因为在这里的人都在拼命奔赴未来，都是一副不堪打扰的模样。可是，在这场雨中，在温暖的快餐店里，张小七感受到了另一个女孩的孤独与向往。

只有到了北京，张小七才明白，这世界上孤独的人的内心都是非常柔软的，这种柔软是良善的。它像一只随心所欲的壳子，在梦想被踩得过低时就变得坚硬无比，让你不再害怕外界尖锐的伤害，将有力变得更有力。

张小七的房客总在变，但是，无一例外，他们都年轻、上进、吃苦、耐劳。

他们没能成为朋友，但是他很感激他们。

因为，在那段时光里，他觉得自己的孤独是有同伴的。

在被世界这个大容器吞没，努力蜕变的过程中，在讨厌的人的嘲笑声里自我怀疑、不知所措的时候，唯一的安慰是他有同伴。

他的房客们，他或者她，有的去了上海，有的去了香港，还有的回了家乡，因此张小七收获了一堆绿植。

植物是带不走的，离开了适宜的土地和空气会很快死去。

但是，人不一样。

人可以因为坚强改变许多，忍受很多。

既然已经预料到路途的荆棘，命运的无常，当你坚持不下去的时候，那么，请你享受孤独。它能给心情进行强有力的思想建设，会跳跃你的神经，让你挺直了脊梁，保持清醒，跨越犹疑，安心地走下去。

如今，张小七常常在出门之前，穿过冷清而空荡的客房时，给窗台的几盆迷你绿植浇浇水。

张小七很寡言，他安静地等着他的新房客。

也许，他们依旧不会深交，人生的轨道也不会有多少重叠。但是，只要他们都有一段孤独而沉默的时光，漫溢在心，就够了。

等待的时候，张小七听陈升唱：“路途远，我们一起走。我不再让你孤单。”

折腾不好吗?

青春的“治愈系”本就是远方，从一座城市到另一座城市，迎来送往，总有人会目送我们走上更远的路。

张小七想，孤独果然是种难能可贵的情怀。

有时候，不是你做得越多就越有价值，也不是你做得越多，就越能得到更好的对待。年轻的时候，总是急着拼命往上爬，殊不知，职场里除了努力，还需要更多的智慧。

出名要趁早？害了多少人

有多少人跟我一样，越来越不喜欢去天涯看娱乐八卦了呢？

不知从何时起，不只是天涯，甚至整个网络上都是千姿百态的直播晒，晒名牌，晒貌美，秀财富。更有甚者以怪为美，完全是“毁三观”“碎节操”“无下限”的节奏。

为了吸引贵人帮助，为了获得机会，只要你愿意，总可以找出许多的理由来突破自己的底线。你总想要得到更多，走得更快，站得更稳，却忽略了那看似面善的借口正慢慢蚕食你，渐渐留下模糊的面目和一条不能回头的路。

年轻的雕塑家向京说：“在当下的城市中，最简单、最原始的行走是奢侈的。因为我们对时间不从容，对空间越来越贪婪，因而也就丧失了触摸生活本真的机会。”

你想得到的究竟是什么？

出名真的要趁早吗？

今天又刮台风。

台风天本是最惬意的睡觉天，萧索却蜷缩在电脑桌前，目光涣散地浏览网页。

有人在论坛上发起讨论，主题是：能够让你感觉幸福的瞬间。

萧索滑动鼠标把一条一条的回复逐一看下去。

很多人表示，一个人去旅游，在美丽的景色里拍照的瞬间最幸福；有人觉得，为自己做一顿丰盛的大餐，看着满满一桌硬菜最幸福；也有人坚定地认为，黑白颠倒地玩游戏闯关，在老婆起床前将最终关卡的大BOSS秒掉的那一刻，非常幸福……

有的人总是这么低欲求，为了生活中毫无意义的瞬间而高兴不已。萧索也一样。换作十年前，她才不会在深夜刷着微博逛论坛，更不会看到无聊至极的主题后联想到自己。

抬头看看窗外，台风携雨发出惊心动魄的呼吼声，萧索再也抵不住心中的冷意。

十年了，每一年里，萧索总有几天会因梦到当年的女老板的脸而惊醒。

上司绝对不是穿Prada的时尚女魔头，在很多人眼里她是穿Chanel的名媛。这些年萧索时有发生的噩梦，实在是跟那段初入职场的经历有关。

十年前，萧索是为客户提供福利外包业务的小助理。

萧索的主管上司叫Adela，美国海归，比萧索大三岁。

上班的第三天，Adela带着萧索去见客户。

萧索以为这只是跟班了解公司业务，没想到在会议室里，Adela突然点名让她发言。萧索措手不及，没有做足准备，只能硬着头皮瞎说一通。

返回公司的路上，Adela毫不留情地告诉萧索，她说的那些话很不高明。

萧索不服气，她反问Adela：“难道公司对新员工不做培训？”

“你现在正在接受培训，实践中的一对一就是最好的培训。”Adela如此回答。

萧索很无语，心里也憋得难受。她开始拿出学生时代备考的劲头，早晨第一个到公司，晚上最后一个离开，学习与工作有关的知识。

又一次，Adela带萧索去见客户，她已经可以头头是道地讲述公司的业务，只是不小心讲得过于全面，占用了客户太多时间。

“很好，有进步，唯一需要注意的是要留意客户反应，你不是在对着机器说话。”

萧索特别委屈，感觉又受了打击，以至于同事说“Adela今天表扬你呢”，她竟觉得像是讽刺。

公司很多业务是靠大老板的人脉接下来，然后分配给相关部门去完成的。福利外包部虽然成立不久，却是公司最看重的部门。顺利通过实习期的萧索已经能够提出一些新建议了，Adela对她很重视，相应地，要求自然更高一些。

此时，公司接了一个大单，客户要求相当苛刻，大家熬夜搞出的一个又一个方案相继阵亡，连一向淡定的Adela脸上都开始冒“青春痘”。

萧索觉得表现自己的时候到了。

“要动用更多的资源。”Adela说。

萧索和搭档陈晓的任务是向全球分公司求助，看看他们是否有更好的经验。她们常常在办公室待到很晚，就是为了打越洋电话或者进行网络视频，与其他分公司的人商量方案。

陈晓是个没什么理想的女孩，虽然工作能力不差，但是在她身上找不到“我要做得更好”的劲头。

萧索像个吸血鬼一样在外文网站上拼命找灵感，她渴望一个展现自我的机会，而不是照搬分公司的经验。

借鉴说白了，也只不过是模仿而已。

陈晓则一边敷着面膜一边噼噼啪啪地敲字，与分公司沟通的任务主要落到了她的身上，她似乎也很乐意。

一周后，萧索和陈晓分别拿出了一份报告给Adela。

Adela皱眉道："为什么没整合成一份报告？"

"陈晓那份主要是分公司的经验，我这份是自己找资源再创造的结果，担心不相融，所以做了两份报告。"萧索解释说。

下午，Adela召开会议讨论方案，拿出来的却只有陈晓那份报告。在此基础上，集思广益，最终形成了将要呈现给客户的方案。

至于萧索那份报告，Adela似乎看都没看。

萧索躲进洗手间哭了一场，擦干眼泪给Adela写邮件，询问她对于自己那份报告的意见。

过了整整一天，Adela才回复，大意是分公司的意见是经过实践检验的。对于萧索的报告，她既没有说好，也没有说不好。

虽然萧索做梦都盼着挑剔的客户否定那个新方案，但事与愿违。

办公室的中央空调嗡嗡作响，陈晓依然对新发现的面膜爱不释手，Adela一如往常，萧索却感觉自己面临着人生最惨痛的失败。

更可悲的是闺密甩来一句："你就是太爱逞强。"简直就是往伤口上撒盐。

萧索甚至不再愿意跟陈晓说话，她刻意将自己包裹起来，不愿意在集体讨论的时候发声，心想即使自己的点子被采用了，最终也不过是群体智慧的一分子，连抢镜的机会都没有。这使她有一种自己的孩子被人贩子抢跑的疼痛感。

终于，萧索觉得机会来了。

那家企业，整个团队轮流去过，调研、考察、说服……工作做了一轮又一轮，方案也出了一套又一套，只是萧索去的次数更多一点。企业的HR总监老萧与萧索毕业于同一所学校，同姓萧，两人惺惺相惜，一来二去格外熟悉。

Adela乐于看到这样的情形，便有意让萧索作为主力去盯这个项目。只是出方案的时候，依然按照惯例，团队讨论，团队通过。这让萧索非常烦躁，这种所谓的团队协作，对于热爱英雄主义的她来说，简直不可理喻。

最后通过的那份大家公认为非常成熟的方案，是由Adela与陈晓主笔，借鉴加拿大分公司经验做出来的。

老萧看后，悄悄对萧索说："看上去还不错，只是还没有戳到老板的心坎，通过的可能性最多50%。"

萧索准备将这个情况汇报给Adela，恰巧她出去开会了。

睡了一觉，萧索改变了主意，她决定自己动手改这个方案，然后送上去，待通过后，给大家一个"惊喜"。她觉得自己有把握在老萧的指导下完成这次火线突击。

老萧抱歉地告诉萧索："方案没通过，老板决定换一家公司试试。"

Adela看到那份被打回来的方案，脸都绿了。

萧索轻飘飘地扔出一句："不好意思，我把电脑里自己做着玩的方案和要递交的方案弄混了。"

解雇几乎是毫无悬念的事。

萧索选择的第二家公司，企业文化很活泼，每个部门的职员在平日里看上去都闲散自由，无拘无束，犹如一堆各自散落的沙砾。只是，一旦有项目落下，他们会以惊人的速度化成一盒耀眼的沙盘。

后来，萧索干脆去了一家规模不大的民企，企业对员工的溺爱几乎逆天，所有人都习惯了这样的状态。只有她像个陀螺一样不停打转，以为终于可以摆脱讨厌的团队合作，能成就个人的英雄主义梦想，却终究在一场全民参与的企划案里败下阵来。

……

如今，萧索早已麻雀变凤凰，独立创办了自己的公司。褪去了一根筋的青涩，多了一种运筹帷幄的稳重。一路跌跌撞撞，撞够了南墙才明白：有时候，不是你做得越多就越有价值，也不是你做得越多，就越能得到更好的对待。年轻的时候，总是急着拼命往上爬，殊不知，职场里除了努力，还需要更多的智慧。能在职场中脱颖而出的人，都是每一次跌倒了，能够吸取经验，忍着疼痛继续往前爬的人。

出名并不是非要趁早，职场中的“出名”需要更多的积累、忍耐和等待。

这条路走不通时试着换个思维，也许前方就是柳暗花明又一村，懂得坚持或者适时放弃，更能体会绝境逢生的快意。

没有过不去的坎，只有转不过的弯

苏瑞的童年没有色彩斑斓的万花筒，却有花花绿绿的小人书。

那是她在姨妈家里发现的一叠图纸。跃然纸上的是各种服装，有剪裁得体的套装，有时尚摩登的晚礼服，更有优雅别致的婚纱……它们为她寡味平淡的童年平添了一份光华，瞬间打开了一个如梦如幻的世界窗口。

惹人心痒的少女时期，周围众萝莉都沉溺在江直树迷人的眼睛里。苏瑞呢，她则反复欣赏着《乱世佳人》和《罗马假日》。这么具有时尚感和审美价值的电影，在她看来，比粗制滥造的偶像剧实在好太多。

因为它们，十七岁的少女苏瑞并不孤单。她心中有梦，尽管老师对她的梦想不以为然，甚至当众嘲笑她太小太天真。

她却坚信，未来的某一天，自己一定能开拓出一片天。

十九岁，苏瑞脱离了惊涛暗涌的高中阶段，心满意足地进了北京服装学院。

在北京读设计的时候，她给自己定了明确的目标——进入“时尚界的哈佛”，申请法国国际时装艺术学院（ESMOD）的入读资格。

她也为此做足了努力。

2009年的盛夏，地面的热浪升腾而起，北京已经连续二十五天高温突破35℃。二十一岁的苏瑞躲在公园的凉亭里苦练法语，长嘴的蚊子蜂拥而上，苏瑞的腿上满满都是包，她立刻跑到水龙头下冲一冲，然后继续努力。

在递交了法语考核成绩及画稿作品后，苏瑞很快接到了ESMOD的录取通知。得到录取通知那天，苏瑞像得到了大赦的囚犯，吃着呛口的辣椒，喝着浮沫的可乐，鼻头被呛得通红。这点眼泪算什么，跟练口语时恨不得将僵硬的舌头捋直的痛苦对比，简直算个屁。

朋友们都羡慕她走过了这片小荆棘，即将迈向康庄大道。

苏瑞只是浅浅地笑。

她们都只看到她的所向披靡，却没有人看到她心底的忐忑。

包容的时尚之都法国是追梦人的心之所往，她这个时装领域的小透明将会遭遇怎样的跌跌撞撞呢？

但有什么关系呢？够冒险才够刺激，青春也不会那么乏味。

爸爸同她商量："怎么不选服装设计专业呢？服装设计师才更能被人熟知啊！"

"设计师只是负责画稿，一件时装从概念到成品，真正靠的是制版，它是时装制作的灵魂。"苏瑞倔强地坚持道。

最后的结果不言而喻。

9月，明媚的阳光穿过低矮的紫荆树，零零碎碎地洒落在苏瑞的蓝色长裙上，她拖着贴有行李标签的箱子，过肩的长发用白色的发卡别着，发丝随着微风扬起来。她对亲人报以浅浅的微笑，姣好的面容上，她的眼睛出奇的清澈。

她决绝的姿态忍不住让人想起福楼拜笔下的爱玛，她说："要么去巴黎，要么去死。"

浪漫之都的求学生活远不如想象的那般光鲜亮丽。

一点必备的孤单和某些莫名其妙又匪夷所思的事，成了众多留学学子在异国他乡的必备桥段。

将冷未冷的天，苏瑞遇到她在巴黎的第一道坎。

她的房东太太，在她忘记交房租的第二天，将她同行李一起扔到街头。你看，火热的城市也不乏讲原则、不讲情面的人。

苏瑞同她巨大的行李箱缩在街头一角，刀风吹皱了她的衣服，钻进她的身体。一个冷激灵，她突然有了醍醐灌顶的领悟，心头涌出千头万绪的灵感，她拿起画笔在画板上挥洒不停。

后来，住处问题得到解决，苏瑞也迎来新的挑战。

ESMOD素来以创作灵感行天下，导师指责她的画作是闭门造车。苏瑞则深信懒惰是扼杀灵感的刽子手，每一周，她都要求自己完成不低于十幅的画稿。有时候恰逢灵感一现，她更疯狂，直至四肢酸麻才肯罢休。

在没有灵感的大部分时间里，苏瑞不会像她的同行们那么宅，她喜欢出门去找灵感。

她常常会坐上火车流浪，睡眼惺忪地跟着人群从车站出来，走向陌生的小镇。

有一次，苏瑞完全没有意识到鞋底已经脱胶了，她在陌生的小镇上走了一条很长的路，那条路上全是泥巴，连她的手指都是泥巴。她走了很长很长时间，看到了一幢奇特又有趣的房子。之所以记不清房子是个什么建筑，是因为那次旅行如同一部默剧。时间缓缓流淌，苏瑞站在房前表情专注，好像忘了身后的人间。那一瞬间，灵感和无数的小细节风驰电掣般在她脑海里出没。

人生中任何一种美好的成果，都得益于澄明的目标以及不懈的坚持。

两年后，苏瑞的新作终于被Promostyle公司的设计总监认可。通过她的引荐，苏瑞得到了为拉丁天后詹妮弗·洛佩兹和阿拉伯公主缝制礼服的机会。

那些夜晚，苏瑞一想到詹妮弗·洛佩兹会穿着她亲手缝制的礼服在光芒四射的舞台上劲歌热舞，并接受全世界的注目礼时，就兴奋得睡不着。

在这个过程中，苏瑞发现中国式的文化思想在欧洲人的设计领域是极度缺乏的。于是她用戏曲勾勒裙摆，用中国红点缀袖口，用绸缎强调曲线美，一点一点将东方美学用西方人看得懂的方式表达出来，展示了世界文化的互融，她的自信心也因此在一点点得到修复。

那一年苏瑞意气风发，她一边攻读着新学位，一边成立了自己的高级服装定制工作室——“SU”。

花无百日红，事业也是一样的道理。

金融危机席卷全球，时装界的高级定制市场也遭遇了冰冻期，连On Aura Tout Vu这样老牌的高级时装定制公司一年也只能接到几笔订单。新人苏瑞和她小小的“SU定制”在时尚界的艰难可想而知。

在追梦的路途上，再次被命运绑住手脚，苏瑞的情绪几近崩溃。

她不敢往家里打电话。但是，父母却说：“需要支持就跟家里说，如果累了就回家。”

电话挂断，苏瑞蒙着被子大哭了一场，为了夭折的梦想。

第二天醒来，苏瑞做了一个让人瞠目结舌的决定：退学，选择攻读“服装设计”学位。

二十七岁了，苏瑞在离毕业三个月之前重新选择了专业。

她如同一名仗义劫囚的侠女，要么万箭穿心，要么一举成功。时间紧迫，容不得思考，只有在抉择之后才知道哪个错误更值得去犯。

时过境迁，梦想的风暴在心中呼啸而过，瞬间的迷茫之后，弥漫在她心底的，是一种至深的安慰。

命运从来都是公平的，谁都不会一生顺遂，生活中难免会有荆棘挡路，岔路迷心，关键是我们怎么去面对。

如果你把荆棘看作一道开胃菜，你就会感觉后面每走一步都是有滋有味的；如果你把岔路当成一种壮游，体验了残酷的风景，再思考的决定可能会照亮自己的人生。

也许她不会再制版，但打造顶尖时装的梦想仍在。她不过是在路走不通的时候，换一种方式，来继续自己的梦想。

人总会遭遇选择，执着于初心也没什么错。只是有的时候，我们可以在这条路走不通时试着换个思维，也许前方就是柳暗花明又一村。

女神和女神经的区别在于，一个不断完善自己，一个任岁月蹉跎自己。想要得到男神，就请先把自己变成女神。

请先把自己升级为女神

我有一个好朋友米卡，她正在铆足劲学西班牙语，为的是跟男神无阻碍交流。

对于这种花大本钱的单恋行为，我是相当不屑，甚至打击她都快三十岁的人了，这么孤注一掷是有多幼稚？

孰料她摇摇头说："我努力就是为了不再幼稚，我得对得起自己的心。"

你看，这就是剩女的执着：无畏地守护自己的初心，不依赖任何力量，不放弃任何执念，相信自己的抉择。

你觉得这样的激情澎湃不靠谱，但谁知道这是不是一个磨炼心智的开始呢？

也许追根源溯永远比陈述现实更加有吸引力，但我觉得应该从米卡如何邂逅男神的那一刻说起。

那天，失恋的大龄女青年米卡在五道口逛了一天。

暮色垂垂，米卡独自去韩国餐厅吃烤肉。

她好像从来没有一次吃下那么多的烤肉，事实上，她圆滚滚的肚皮告诉我们，这妞不仅能吃肉还能喝酒。

吃饱了肉喝足了酒，米卡脸上红通通的，她站起身，一步迈出，摇摇晃晃，索性随手一抓以便化解即将摔倒的尴尬。待站稳了，米卡才回过神来看身边的扶手——一只骨节分明的纤长大手。抬头看它的主人，对方一副玩味的样子。

“不好意思。”米卡的脸更红了。

“你还好吗？”对方用生硬的中文表达着关心。

米卡的嘴唇动了动，“我没事”始终没说出口。她忍住头疼，站起身，轻轻地摆了摆手。

如果时光也有视角窗口，便会悲悯地发现，她正用尽全力地维护着自己最后那一点点尊严。

你以为事情就这么结束了吗？

当然不，站起身的米卡，一步未迈，就吐了。

男神那一刻还未能成为米卡迷恋的神，他的名字叫Jack。

事后的桥段依然老套，为了赔偿西班牙男人Jack被损坏的衣服，米卡坚持记下了他的联系电话。

周末，米卡约了Jack出来。他穿着一件宝蓝色衬衫，黑色的短发有些微微的自然卷。米卡坐在对面，看着他从容地推开咖啡店的玻璃门，一望便目不转睛。

4月，太多的植物发芽了，生长了，包括资深剩女米卡的心。

Jack是某西班牙企业驻北京的机械工程师，刚到北京没几天，在这陌生的大都市里，他还没来得及交上朋友。

米卡听了心里窃喜，主动揽下了导游的工作。

Jack很快在北京如鱼得水。他能力出众，性格温润，虽然一根筋，又轴轴的，却总不乏女生喜欢。

米卡站在一旁，静静地看着围绕在他身边的“环肥燕瘦”，内心已是波涛汹涌：真心期盼她们一秒找到真命天子，以彻底收回对她男神的垂涎。

这么想着，米卡更自卑了。但凡正常的男人，没有人会喜欢一个灰头土脸、身材壮硕的大龄剩女吧。

改变的决心，从那一刻变得坚定无比。

早晨从一杯温白开开始，它能迅速排解在体内堆积了一晚的垃圾。

米卡一直嫌弃自己的牙齿不够白，怎么办呢？哈，那就在每天的早餐水果里来上两颗草莓。

长期熬夜，脸上冒痘。好吧，从现在开始，每晚十点准时上床睡觉。

工作量大，每天累到躺在床上只想喘气，何以谈减肥呢？

没关系，早晨一份薏米红豆粥，晚上一杯纯豆浆。PPT做累了就抬抬头，伸伸胳膊动动腿，减肥又减负。

就这些简单的小常识，方法简单、成本低廉，而且是纯天然，副作用几乎为零。如果非要说出缺点，那就是很不容易坚持。

这世上没有任何一件事可以一劳永逸，倘若你渴望更好的自己，又没有足够的耐心和毅力，你就很难达到理想的状态。

变美这件事更不可能来得毫不费力，它更需要日复一日、不厌其烦的坚持。所以说，美丽是一条不归路。如果你没有做好牺牲随心所欲的准备，就不要再羡慕别人趋向完美的脸蛋和身材，就不要再抱怨被男人无视存在的可悲境遇。

米卡就这么一声不吭地坚持了半年。当然，有播种才有收获，皮肤虽然不及剥皮的鸡蛋光滑，却也水嫩有光泽，身材紧致了，以前需要衣服遮盖的蝴蝶臂和小肚子已然消失。修正了身体的小瑕疵，自信心当然爆棚。

女人到了三十岁，遇见心仪的男人不会再暗恋失眠，她会主动出击。经过岁月的磨炼，她们已然懂得自己需要什么，如何得到所需。她们自省，认定活到老美到老是无法逃避的社会需求，她们看重自身，而非一味向他人索求。

米卡穿着玫红色的长裙，珍珠白的小外套，脚踩高跟鞋，栗色的卷发间别一只素雅的发夹，浑身散发着若有若无的香气。那是成熟女人散发的优雅味道。阳光懒洋洋地洒在她身上，Jack的眼底闪出热烈的火花。

若你们以为这样就成就了一段有始有终的佳话，那就大错特错了。Jack遗憾地告诉米卡，他的派遣期就要到期了，如不出意外，他会回西班牙。

世道就是这么不易，女人处处遇危机。

米卡在电话里告诉我，她在学西班牙语，等达到A2.2的考核标准之后，她会向马德里康普顿斯大学提交入学申请。

我以为米卡这次也是鸡血一下，三十岁的大龄单身女青年，为美丽努力很正常，为了一个男人如此大动干戈就是脑袋烧坏了。

显而易见，米卡竟然真的励志了一把。

一个月，米卡不但坚持下来了，就连经常同她见面的我，都能感觉到她的亢奋。

“你就不能有点出息？即使你把自己的心肝肺都卖了，即使你整出一座世上最璀璨的皇宫，他会领情吗？”我如此泼冷水。

她缓缓抬起头来，一手闲适地拢了拢卷发，一字一句地说：“可是，没办法，我喜欢他，我得对得起自己的心。”

阳光肆意缀在光滑的玻璃上，我们听着彼此静静的呼吸声，我明白她轻描淡写背后的艰辛。为了能够漂亮而优雅地出现在男神面前，她花费了多少心思，做了多少努力。

道格拉斯·米尔多说：“一个人的年纪就像他的鞋子的大小那样不重要。如果他对生活的兴趣不受到伤害，如果他很慈悲，如果时间使他成熟而没有了偏见。”

有多少女人期望寻求一个深爱自己并且一生不变的人，但很多女人只是去不断期望，然后不断失望。她们妄图在爱情领域里一劳永逸，却忽略了爱是要随着时间一起成长的。爱情和婚姻圆满的人背后为此付出了多少努力，又有多少人知道？你要把自己包装成一个动人的猎物，才能吸引来好的猎手。

女神和女神经的区别在于，一个不断完善自己，一个任岁月蹉跎自己。想要得到男神，就请先把自己变成女神。

三个月过去了，米卡还没拿到A2.2，但俨然已升级为女神的她，终于得到了自己想要的。在她生日那天，Jack向她表白了。

时间是最公平的审判者。我和你的起点相同，我们一同起步，你用的是闲庭看花的速度，倦了累了就放慢一下脚步；我用的是快跑，不跑就被生活的子弹击中眉心的速度。释放的力度不同，我走得比你远，站得比你高，你有什么不服气？

你荒废时间时，别人在拼命努力

初秋的艳阳下，我终于搬进了新房。

在大大的落地窗前舒展筋骨，面对崭新的一切，我的心前所未有的平静。甚至前段时间疲于奔波在建材市场的负情绪，也在瞬间被抵消掉了。

Coco也应该坐在了大学的教室里吧。

Coco是我的小姨妹。

前段时间我休年假，跟随父母到姨妈家做客。十八岁的Coco刚经历高考的洗礼，对大人爱理不理，她已经懒得扮可爱取悦长辈，额头上冒出来的三两颗青春痘暴露了她鲜嫩的青春。

我们问她话，她只是轻轻“嗯”一声。

姨妈似乎觉得在人前失了面子，对她的态度很不满，一直呵斥她为我们倒水。看她一副不甘愿的表情，姨妈的火气蹭蹭上涨，说话也带了刺儿：“青天白日的，你挂着一副别人欠你几百万的脸给谁看啊？”

Coco闻言，重重放下了手中的水壶，一阵轻烟般钻进了卧室，重重摔上了门。

瞬间，客厅里的大人们全部不自在起来。

姨妈是个暴脾气，大力捶着门，让她快出来。我妈上前把她拖走，示意让我去劝劝小姨妹。刚刚的相处中，她貌似就看我一个人顺眼，会主动问我怎么投稿。我问她也写文吗？她又避而不答。

我走过去，轻轻敲了敲门说我是谁，果然门一下就开了。

Coco的房间里贴满了海报。有明星有动漫，不过最吸引人的还是天花板上一张大大的上海外滩的夜景海报。黄浦江畔矗立的东方明珠光华耀眼，金茂大厦线条清晰。在灯火迷离的夜色里，上海褪去了坚硬沉重的现实感，绽放出最浪漫的一面。

“别不高兴了。以前我也觉得老妈很烦，可是现在我更怕她老得太快。”

“我没有不高兴。”她站在窗边，微垂着头，语气倔强。

“你是想报上海的学校吗？”我问。

“是的。”她在逆光中回头，倔强的小脸在阴影里显得有些

绝望。

看到Coco对于即将升入并非己愿的大学而纠结失望时，我想我能感同身受。

当年我高考失利，读的不是自己渴望的大学，选修的更不是钟爱的专业。在那样“绝望”的时刻，青春正盛的我，觉得这灰色的开始意味着人生再无出头之日。

开学一月有余，当初涌动在心底的失望和不甘还如影随形，我苦闷至极，在博客上写了大量的文字。

也许是文中的苦闷触动了谁，也许其中的苦闷刚好代表了某个失落的群体，其中一篇文章很快被一档热播的电台节目选中播出。一时间，博客里突然多了许多天南地北的陌生问候和倾述，那时我才知道，原来这个世界上并不是只有我一个人在纠结和痛苦，那些散落在我心底的失落，同样如微尘一般覆在他人心间。

然而这些都不是主要的收获，真正点醒我的是一位同龄女生。十五岁遭遇车祸，高位截瘫，终生只能以轮椅为伴。她在我的博客里留言：你有可以随意支配的双脚，你有可以就读的学校，你有欢笑与共的同学，这些难道还不够吗？你知不知道，眼前这些让你郁闷、让你抱怨的所有，正是另一个人即便穷尽一生都无法实现的美梦。

简简单单的一段话，顷刻击碎了我理直气壮的失望，唤醒了我灵魂中的敬畏。

“不幸”的人何其幸运，那个真正不幸的人却积极又阳光。

入不了大学，她就自学，几年苦读，这个残疾女孩已经拿到本科学历。而她的梦想不止于此，接下来她想做文字翻译，尝试写点文字。无法靠双腿走出美丽人生，她希望能借助手中的笔来实现这个梦想。

名校固然可以为我们在步入社会的那一刻，罩上一层炫目的光环，但是，如果我们在四年的大学时光里脚踏实地，我相信即使没有炫目的光环，找到一份自食其力的工作，也是能够实现的。

大学毕业，名企早已经被名校学生占满，我只能去一家小的物流公司上班。每天面对乡音浓重的大叔大妈，住在简陋粗糙的员工宿舍，工作清闲，却也无聊。

闲散久了，文艺女青年心底的怪情绪又开始偷偷蔓延。当意识到这个问题的时候，我就会用假设的构想督促自己：如果那个残疾女孩遇到这样的生活，她又会怎样呢？毋庸置疑，乐观阳光的她一定会很开心地跟各种各样的客户接触，一定会把每一天过得充实又有意义。

这么一想，郁闷的心情顿时被一扫而空。生活总是如此，任何事情一旦懂得珍惜和知足，坚硬的石头也能渐渐裂开一条足够开花的缝。

工作内容简单，工作量小，我就利用空闲时间阅读和写字。素材也不必抓耳挠腮地冥思苦想，每天那么多形形色色的寄件人，每个人背后都有可以想象的空间。

时光一闪而过，我已经站到了二十九岁的关口，在杂志上发表了N篇小说，距离大学毕业已是七年。

这一年，我收到了一家知名女性杂志社力邀我去做编辑的邀请函。据我所知，这个职位，标注在杂志上的聘用起点是中文硕士学历。拿到邀请函，我以为我会哭，因为这是当年做梦都想不到的机会。事实上，我只是静静地凝望了一会儿，就将它轻轻地放进了抽屉的最深处。

时光荏苒，岁月如梭，人总会变的。三千多个日子走过，曾经的梦想还在，只是当年的热望在今天看来，早已经迈过。

我这个三流大学的毕业生，写过怎样的文字，有过哪些热爱，他人也许并不了解。只是信箱里越来越多的倾述心声的邮件和这封邀请函，在我看来，已是当年想都不敢想的事情。

这些，谁又何曾预料？

励志文里有一句话叫“成功都是逼出来的”，在这个崇尚自由和个性解放的时代，我知道抛出这样的论点，过度宣扬所谓的成功学必然会招来板砖无数。

但是，无论你身在怎样的环境和高度，恐怕都无法否认一点：你也许不会刻意追求成功，而为了爱，为了你所爱和爱你的人，让自己生活得更好，始终是你无法逃避的社会责任，不是吗？

网络上红极一时的热帖“当你在荒废时间的时候，别人有多拼命”，所晒的是成功路上的真人出镜。

帖子里有段话是这么说的：“时间是最公平的审判者。我和你的起点相同，我们一同起步，你用的是闲庭看花的速度，倦了累了就放慢一下脚步；我用的是快跑，不跑就被生活的子弹击中眉心的速度。释放的力度不同，我走得比你远，站得比你高，你有什么不服气？”

所以，让自己活得更好，从自身需求或是社会的价值观来看，没有一点是与学历直接挂钩的。回首看一看你身边的那些成功者，不难发现，他们的年龄和出身各不相同，他们中不乏资历高端的名校生，更多的则是一群无所畏惧、从底层一鼓作气攀上高峰的冲锋者。他们的成功并非偶然和运气，也没有跌宕起伏的剧情，成功的必然只有一个简单的“勇”字。

你看，想要收获璀璨的美丽人生，怎样的起点其实真的一点都不重要，重要的是你的内心汹涌着怎样的动力。

人生从来不乏机遇，我们缺少的不是对机遇的把握，而是在机遇到来之前，你已经或者准备怎样身体力行去度过这段漫长的时光。

如果你有兔子一般迅疾的速度，必会了然，命运的底牌从来没有固定结局。你的人生也不是一早就定下了答案的，悲剧的开始也并不能影响皆大欢喜的结局。

他们带给你的也许受用一生，也许受用一时，也许受用某一瞬间——长短从来不是问题的关键，关键是那一刻，你会醍醐灌顶，顿生了然。就像跟发光的人在一起久了，你也会变成太阳。

和发光的人在一起，你也会变成太阳

甲午之夏，九月在即。端午已过，距离国庆还长。

头顶明晃晃的大伏天，日历牌上“立秋”二字赫然在目，浑然不觉中，一年就这么过了大半。有人辞职，有人壮游，有人失业，一切如常，又一切无常。

我觉得老调重弹地盘点一下似乎很有必要。

去年3月，我从深圳转战到上海一家美资企业。工作上拥有了短暂主管经历的我，再退回到行政助理的职务，即使不愿意承认，潜藏颇深的不甘心还是有的。

生活向来是左手拳头右手糖豆，我得承认新工作也是有美可循的。

部门给我分配了一份很重要的工作，就是每天下午三点为办公室的全体职员买咖啡，一次十二杯。公司对面开着一家规模颇大的星巴克，攒够积分换免费咖啡大概是我每天往返于办公室和星巴克之间唯一的好处。

一次，我走进店里，看到两名服务生与一名老外在指手画脚、艰涩地沟通，客人一直在强调Decaf，偏偏服务生一脸懵懂，对此表示一头雾水。我看着这三人“鸡同鸭讲”的情景，忍不住开口：“客人说他要一份不含咖啡因的Cappuccino。”

过了一会儿，一个男生靠了过来：“美女，谢谢啊。”

我和Sun就这样认识了。他是星巴克的服务生，身材很好，身高也如模特一般，做事慢悠悠的，一开口有种学生特有的腔调。

混得熟了，Sun常常在我等咖啡的时候凑过来聊天。

“我特别热爱咖啡文化，我来星巴克就是为了学习咖啡店营销理念和管理技术。”

“等我大学毕业了，就可以开一家自己的咖啡店了。”

“我的咖啡店一定要有自己的范儿。”

Sun如此说。

我安静地听着，笑而不语。

勤工俭学有什么羞于启齿的，现在的年轻人就是喜欢心口不一。

一台商用的半自动咖啡机最低八万块，如果买得起，还用来星巴克“学习”吗？

三个月后，星巴克没了Sun的身影，他辞职了。

新来的服务生笑容甜美，手脚麻利，只是总感觉少了一点味道。

我以为，城市那么大，我跟小男孩Sun再碰面的机会微乎其微。

年底，一名VIP客户带着他的儿子来参加公司的客户答谢酒会，没想到，他的儿子居然是Sun。觥筹交错间，Sun在人群里穿梭，穿着宝蓝色的衬衣，戴着价值不菲的领结，神采飞扬。

他一手闲适地插在裤袋里，向另一头缓缓地走去。

拥挤的人群中，他没有看到我，我也没有主动去搭讪。

只是从那天起，当我在狭窄的复印室里忙碌不堪的时候，心里升起的怨念和不甘心，一点点消退了。取而代之的，是Sun慢慢悠悠煮咖啡的样子，醇香四溢，欢笑满屋。

一个有爹可拼，买车都可以提上一麻袋现金去车展的熊孩子，都能为了自己的目标从底层做起，我心里那点郁郁不得志的小纠结又有什么散不开呢。

很多事，唯有在他人渐行渐远的脚步里才能看清本质，你才能学会从容不迫。

5月，我的事业蛰伏期尚在，公司里来了实习生。

那年是个比较特殊的年份，公司在全球金融海啸中搏杀而留，也因此大伤元气。每个人做事都小心翼翼，生怕一个不小心就惨遭被裁员，格子间自下而上飘着一股谄媚之风。突然而至的实习生们，为公司平添了一份生机，而宋希显然是最具生机的一个。

宋希的一双大眼灵动俏皮，看谁都一副见到冰淇淋的表情。当她从公司规章制度上看到周五可以着便装的时候，整个人高兴得像白捡了果子的松鼠。

到了周五那天，宋希着一紫色荷叶边雪纺衫搭粉色短裙现身，橄榄绿的粗高跟配柠檬黄的糖果包，无论从哪个角度看，都俨然一棵圣诞树的模样。

我火速把她拽进小会议室，苦口婆心地跟她讨论本位减法的穿衣法则：身上一定不要超过三种颜色。

宋希耐心听完我的慷慨陈词，认真地说："夏老师，你知道公司招聘实习生是为了什么吗？就是为了注入新鲜血液，增添新风尚啊。如果跟你们这些老人遵循一致，那有什么意义？"

我被她那句"老人"给刺激了一下，当然，是在心里。

我觉得我应该用点惩治的小手段来挫一挫她的锐气。比如，将挑剔得会杀人的客户名单递过去，让她进行客户回访。

我没错过宋希第一次被客户臭骂的表情，圆润的包子脸皱成了一只瞬间失水的甜橙。

"你怎么了，宋希？"我问她。

"没事，她骂我了，总有一天她会求我的。"她甩了甩头，紧攥着手里的名单。

实习期很快结束，有三位年轻人没能留下，不难猜想，宋希就是其中之一。

宋希收拾东西离开的那天，我一直都在开会。

下班的时候，我才看到了摆在办公桌上的玫瑰色卡片。

卡片是宋希留下的。

她说："夏老师，不能在你手下工作，我很遗憾。但是，我没能留下，是公司的遗憾。谢谢你教会我很多事，也许在不久的将来，我们会成为合作伙伴。"

办公室的冷气足得让人受不了，我抱着肩膀端详着留言卡的正面，黄了叶的大树并不枯萎，看起来反而有一种糖果似的金黄。

真不知道她这些不可思议的自信从何而来，不过，不可否认，在与这姑娘共事的半年里，我耳濡目染了些蓬勃的朝气。

这天，我在和老古板上司讨论升职这个敏感话题。

"除了我，你别无选择。"我在她的办公里拍着桌子，忍不住脱口而出。

没想到，在这以阿谀谄媚为上策的人群里，我就这么，脱颖而出了。

万花筒一样的世界，际遇和缘分不时地重新排列组合，好似有神秘的魔力，吸引我们相遇。

我相信你对这世界简单了，它也不会对你太复杂，一如旧的光影里，我们生命里遇到的一个又一个朋友。

他们出现的时候不会索然寡味，离开时也没有丝毫的矫揉造作。他们带给你的也许受用一生，也许受用一时，也许受用某一瞬间——长短从来不是问题的关键，关键是那一刻，你会醍醐灌顶，顿生了然。就像跟发光的人在一起久了，你也会变成太阳。

关于他们出现的意义，我与你分享的只是冰山一角。

我很感谢他们，不经意地出现在我的人生里，让我在墨守成规的停滞中，不时冒出一点去干点什么的勇气。

正常的人生里谁都会有不受命运待见的一段，生活的意义不在于杜绝让它讨厌你，而在于怎样活得让它喜欢你，命运越对你残酷，你就越要扛得住。

你要配得上你所受的苦

苏子涵是我的好朋友，发小的那种。

关于命运的匪夷所思，她是最好的见证者。

小学六年级的时候，我们的小镇下了一场漫天大雪，从早晨下到晚上，不知疲倦。苏子涵骑着单车在回家路上被过路的蓝色大卡车撞倒，大腿骨折，膝盖的韧带断裂，尽管没落下残疾，但她的六年级却要重读。也正是那个时候，她悲剧的命运开始了。

苏子涵还没有痊愈，她的父母就闹离婚了。

灰蒙蒙的天空里飘着灰扑扑的雪花，在两个大人争吵不绝的拉锯战里，她从指尖冻到心脏，一种强烈的背叛感占满心头。无数个白天，她缩在床上佯装睡觉，耳朵里是父母尖锐的咆哮声和水杯被摔碎在地上的声音；还有无数个黄昏，她假装目不斜视，余光里都是他们各自忙碌的冷漠。

直到来年春天，她被判给了父亲。

生日那天，父亲为她订了蛋糕，带她去菜市场，她在众人的祝福声中吹灭蜡烛。她以为所有的缓和会在迟到的醒悟中消融，可惜的是，白纸一样的生活有了褶皱就再也抚不平，这样小小的喜悦怎么可能真的治愈她。

年少，智力初萌，是天真且易满足的，当然，这时候也最脆弱。

她的童年就那么结束了。

这是她人生里真正意义上的第一个打击。

然而，世界上最难的事不是接受现状，而是忘记过去。

不过两季的时间，稚嫩的她还没来得及消化成为单亲孩子的悲伤，母亲就突发脑溢血去世了。

没有什么可以让一个十几岁的女孩感觉自己像死过一回——除非生离和死别。母亲去世以后，她便陷入一个人的沉默里，不肯与任何人说话。

她一个人在漆黑的夜里穿过斑驳的老房子，躺在杂草丛生的泥土上，一个人风里来雨里去，低着头切断了与所有人的目光接触，浑浑噩噩，仿佛明天就要末日来临。

为了逃离同学的怜悯，她生平第一次与班主任对抗，为的就是结束集体而居的寄宿生活。老师追问原因，她冷漠而固执，不做任何解释。

值得庆幸的是，父亲站在了她这边。

每天早晨，在微亮的天空下，父亲骑车带她穿过三道街两条路；晚自习结束，父亲早早在昏暗的路灯下等着。她看着父亲消瘦的侧脸，孤独的心里汹涌着的痛似乎平静了许多。

这是她人生的第二个打击。

高考前夕，她意外发现自己怀孕了。

那个和她小心翼翼牵着手，走遍学校每个角落的男生，在听到消息的一刹那，变得惊慌失措，后来和她一起偷偷去了诊所。只是从此之后，他便不再与她说话，即使意外碰面也只用冷漠疏离的目光一扫而过。

她坐在他的后方，看着自己躲被窝里打着手电筒歪歪扭扭写给他的信，拆都没拆就被他扔进课桌里。想着他们曾经一起在樱花树下许下的愿望，她心底死灰一片。

然后她颓废，发烧，毕业考考砸，高考更是一败涂地，本来成绩不错的她最后被一所三流大学录取。

这是第三个打击。

大学的第一年，她的生活很平静。

大二那年，她的父亲在集市上与人发生争执，心脏病突发，一句话都没来得及说，就闭上了眼睛。

她火速赶回家，看着父亲的遗体，蚀骨的落魄和毁灭般的疼痛向她袭来，从此，她就是孤单一人了。

母亲、父亲先后去世，她没了经济来源，没有办法再继续读书。

办理好父亲的丧事，她办了休学，然后找了一份工作，实习期的月工资八百元。

时光的车轮转了一下，就过去了三个月。

春天来临，她的心底出现了一抹亮色。每次坐在电脑前，她总生出一种孩子似的雀跃。她在网上认识了一个男孩，每每在关机前，她告诉自己：这就是我想要的。

在她租住的平房里，他们同居了。

她在厨房里用小小的电饭煲煲汤，他躺在卧室里看书；她在暮色下收拾晒干的衣服，将它们小心翼翼地叠好收起，他会在野花铺满的院子等劳累一天的她回家。

日子变浅变平常，她以为她的世界会一直如此温暖。可是，她的美梦破灭了。

一天，与她相爱的那个男生毫不留情地将她赶了出去。嗯，他变心了。

室外温度零下，冬日里特有的冷冽空气冻得她瑟瑟发抖。她一个人慢慢地在马路上走，走累了在美食店的屋檐下沉默地抖抖肩膀，她热切地望着食品店的小窗口，又摸摸口袋里两个冰冷的硬币，只好继续晃荡。

灰心，但是，她从没想过去死。

几个私交甚好的朋友当时都在读书，她们各自拿出了一些生活费凑在一起，虽然不多，但能帮她迈出眼下的困境。

她很快在双全堡租了一间小平房，十平米不到的空间，仅容得下一张木板床，小小的院子住了七八户人家。

跌宕的人生横在黑暗与光明之间，未身处其中的人都能感觉这黑暗的漫长，她却咬紧牙关挺过去了。

正常的人生谁都有不受命运待见的一段，生活的意义不在于杜绝让它讨厌你，而在于怎样活得让它喜欢你，命运越对你残酷，你就越要扛得住。

从头开始的很长一段时间，她一身疲惫地回到独居的小屋，想喝口热茶还得自己烧水。她的一日三餐都是挂面，偶尔改善生活开开荤，也仅仅是加一颗荷包蛋。

学历不高且又毫无背景，她一个外地女孩跌跌撞撞换了很多次工作，过程的艰辛自是不必多言。重要的是，她凭着自己的力量，昂着头，挺过来了。

现在，她在燕郊首付了一套房子，虽然面积不大，却让她有一种无法用语言形容的满足感。

的确，这一刻，她不再一无所有，在这个偌大的城市里有了真正意义的家，正式告别了漂流的生活。

她月薪终于过万，也升到管理层职位，她买得起昂贵的法国护肤品，着装也逐渐形成了自己的风格和定位。

她嫁了一位很好的男人，爱她、疼她、怜她、护她。

其实，她与你并没有任何不同，她不够聪明，也谈不上漂亮，只是命运苛责她的时候，她特别能吃苦，特别扛得住。

就是要这样，只要认定所需要的，感恩生活加在你身上的，无论在哪里，只需埋头去努力，剩下的都交给时间。

这是优雅的人在沉默时光里得到的生活启示录。

PART 2

努力到无能为力，拼博到感动自己

现实有多残酷，你就该有多努力，此刻的历练不过是在为迎接将来的美好做准备。

现实有多残酷，你就该有多努力

2011年11月13日晚上，11点30分，黎争兴高采烈地给我打电话：“夏，我有自己的仓库了！”

在此之前，他在双桥堡一间不到二十平米的平房里忙进忙出，半小时后，小小的仓库里堆满了十几套色彩艳丽的小丑服、五颜六色的气球、颜色夸张的假发和手杖。

这些工具，都是他在这座城市里生存的倚仗。

我和其他朋友买了饭匆匆赶来，黎争已经将仓库收拾妥当，他还没有吃饭。

黎争拍拍身上的尘土，咧着嘴向我们展示他的工作室。

“以后你们来我这里唱歌吧，我装了两个音响，效果很不错。”他真诚地发出邀请。

时至今日，黎争来北京的两年从来没有享受过周末，闲暇之余的最大乐趣就是唱歌。KTV的消费太高，他只敢在家里自娱自乐。

“我得努力赚钱，我的梦想还没实现呢！”他时常把这句话挂在嘴边。

黎争的着装总是无比耀眼：色彩张扬的爆炸头，红红的鼻头，白白的脸，红蓝相间的衣服。当然，还有那嘴角永远上扬的大嘴——他

是一名职业小丑。

两年前从家乡来到北京，黎争和许多“北漂”的年轻人一样，辛苦拼搏，他也有一个买房梦，希望自己有一天能够在这座城市里扎根。尽管这个梦想听起来没那么现实。

房子于黎争来说，是一种证明，一份担当。

只有拥有一套属于自己的房子，他才觉得自己有资格恋爱和结婚。

只有拥有一套属于自己的房子，年迈的父亲才不用再爬没有电梯的楼。

如果有一套属于自己的房子，冷清的日子里，他就不用抱着冷掉的盒饭，独自心酸。

如果有一套属于自己的房子，至少在笑僵脸、哑了嗓的日子里，他能躺在柔软的沙发和温暖的房间里睡得踏实一点。

黎争刚来北京的时候，住在一间不足十平米的地下室。那里潮湿阴冷，即便是炎炎夏日，他也时常被冻醒。他每天睁开眼睛后就第一时间跑出去，在阳光下暴晒渗入骨头缝的潮气。

可惜，这个世界太忙了，它根本腾不出时间去端详一个年轻人毫不掩饰的向往。

多彩着装的背后更多的是心酸，每每看到新楼盘宣传单上数额庞大的均价，黎争总会心惊肉跳一把。仅每平方米两万元的价格，需要他至少五十次的表演才能赚得。

黎争不会放过每一个打探房价的机会，有时候路过售楼处，他会义无反顾地走进去，询问一下楼盘价格。但售楼处的工作人员看他妆容滑稽，衣着夸张，都没几个人搭理他。

内心富有，眼睛里才能看到生活的温柔。

黎争最大的快乐，就是看着很多愁眉苦脸的人在他出现的那一刻喜笑颜开。

多年前，黎争从没想过要做个小丑。

年少家贫，他在浙江金华一个偏僻的乡村长大。十六岁初中毕业，黎争就进了父亲工作的一家机床配件厂，加工机床零部件。

在冰冷空旷的工厂里，在严格的成人世界，勤劳的父亲为了维持生计，每天从没有烟火气息的清晨工作到万籁俱寂的凌晨，然后囫囵一觉醒来，洗把脸，又匆匆钻进工厂的车间。

黎争看在眼底，疼在心底，他每天都很拼命地在机器前工作十几个小时。

严重缺乏睡眠，疲倦的他一时疏忽被冲床无情地斩掉了一截中指。

在疼痛里涕泪俱下，年幼的他感到从未有过的恐慌。

伤口愈合后，黎争背着行囊买了一张去北京的单程车票。

面对未来，他一无所知，但既然做了决定，除了前进，他别无退路。

黎争不知道自己想要什么，也不知道自己能做什么。来到北京，他做过送奶工、装卸工，贩过报纸，摆过地摊。他一直在不同的领域里尝试，做过最苦、最累的活，他相信自己潜力无限。

黎争的小丑事业就在这样的尝试中无心插柳而成。

那时，黎争傍晚在桥上摆地摊，卖魔术道具。黎争用小魔术表演做推销的时候，被偶然路过的旅游公司老板看到。老板邀请黎争去他的旅游公司为孩子们做表演，每天支付一百元。

但凡把兴趣转为专业的谋生技能，都要经历一段痛苦而漫长的磨炼期。

在决定成为一名专业的小丑之后，黎争很努力，不放过任何一次表演机会。

他全身涂满了颜料在烈日下暴晒。他一天连轴转，早晨出现在热闹欢愉的婚礼，中午现身房地产的开盘发布会上，下午在繁华的车展表演，夜晚奔向喧嚣的酒吧。他不挑活，不挑剔演出费。不问观众多少，不管有钱没钱，只要有人愿意看，他就演。对于他来说，每一次表演都是最好的练习。

一年后，黎争已经在同行里小有名气，当然，这种幸运的“成功”并非一蹴而就。这一年，在近千场的演出中，他被人无礼地拆穿过，也被人恶意地嘘声过；他因为弄坏现场器械被赶，也因火溅酒店地毯被罚过；为了提高演技，他练烂了上千副扑克。在没有场子可赶的时候，他也总会在无人的空地勤奋练习。

任何一件事，都需要你足够努力，不仅要有追逐目标的倔强，还要有不被名和利冲昏的头脑，质是潜移默化、一点一滴积累的转变。

现在的黎争已经非常专业，吞得下扑克，变得出鸽子，亮得出火焰掌，甚至还收了一小票徒弟。

小丑行业里曾经跑龙套的黎争，今时今日的演出邀约多到用三部手机都接不过来的节奏。

人人皆知黎争这个小丑表演很不错，却很少有人真正理解小丑这个职业。

其实，做任何一件事，倘若不是发自内心的喜欢，都不会让你心甘情愿地付出努力，并以此为乐。

也许，你和我一样，已经记不起自己在多少个小丑的表演场路过，也没有看清向你无偿奉献了笑脸的小丑的真实模样。但为我们提供惊喜，实现愿望的小丑们，也有自己的梦想。

现实有多残酷，你就该有多努力，此刻的历练不过是在为迎接将来的美好做准备。

每个人都有自己的生活方式，当然，也有选择如何去生活的权利。很庆幸在我年少轻狂的日子里，即使生活给我设置了一道又一道路障，也由衷地高兴自己都一一迈了过去。

那一条，少有人走的路

闺密的妹妹M大学刚刚毕业，年轻气盛，眼高于顶，撂下话来“非北京不混”，便千里迢迢奔闺密而来。

来京三个月，M依旧在面试中用挑剔的眼光审视HR。对，你没看错，遇到气场不合的面试官，M会用比HR还挑剔的眼光审视对方，然后潇洒转身。

闺密电话求救，请我劝一劝，让M务实一点。

闺密在旁边苦口婆心地劝，M很不耐烦，干脆戴上耳机去听歌。

后来，我们再说什么，她都戴着耳机故意很大声地说：“啊，什么？你说什么，我听不见。”

看着M如此任性，我突然想到自己，也正是这样的年纪吧，怀揣理想激情万丈，总觉得自己是鱼目里的珍珠，枯草堆的苇蔓。择业也是很挑剔，高不成低不就。

爸爸在千里之外语重心长：“踏实点，先就业再择业。”

我敷衍地答应着。

就这样，心潮澎湃的我在北京电影学院外走了一圈又一圈，跑到对面的古老城门上，跑到了附近的西土城公园，又跑到学校隔壁的地下室，租了一间地下室。至此，我北漂的生活总算安顿下来。

躺在床上，可以清晰地听见楼道里匆匆而过的脚步声、打闹声、洗漱声、冲马桶的声音。冬天没有暖气，夏天没有空调，许多人共用一个狭窄的小小卫生间，去趟厕所比爬一趟长城都费劲。

就这样的房子，都非常抢手，我仅仅是在交房租的时候冲房东发了几句牢骚就被赶了出来。春寒料峭的夜，我一个人呆呆地站在外面，依旧不敢相信被人嫌弃的事实。

微薄的积蓄一天天减少，当初的雄心壮志被一点点消磨殆尽。我很想继续不知天高地厚，可是在有了一段处处碰壁，跌得鼻青脸肿的经历之后，才明白生存的意义。

再得到面试机会，我不敢挑三拣四了。

前台兼内勤？没问题。

底薪1500？好的。

加班？可以。

公休一天？当然接受。

值得庆幸的是，在当时自卑又窘迫的时候，我还幸运地结识到两

个朋友。

多年过去，我们还是朋友。

一个是北电读研究生的Summer，她常常带我去听课，把她的学生证借给我，让我去看一场又一场北电小剧场的电影。

她总说："总有一天，我会执导一部属于我的电影。"

另外一个朋友王涵，他住在我隔壁，是个非常善良的男孩。

他当时正在剧组做摄影助理，过得很是辛苦，但他觉得很值得，同时觉得自己很幸运。

他本来是考北电的研究生的，可惜没能如愿以偿。于是，他开始跟随一个副导演，做电影场记。

他经常说："没关系，做电影场记也一定能追到自己的梦。"

几年来，身边的朋友们，有匆匆赶往这座城市的，也有匆匆离开的。唯有我们三人好像一直在一起，就住在隔壁。只要一伸手，大家就在身边。

算来，我们已认识七年。七年，据说人身体内的细胞早已更新换代，你已成为了另一个你。

七年，我们都已从大学刚毕业走到而立之年，每个人都已经在这座城市找到了生活的重心：买房、结婚、生子。每个阶段，最关键的时刻，我们都会互相交流，真心道喜、祝贺。

直到那年冬季，王涵过三十岁生日。

大概是喝了点酒，我对他们说，我现在所拥有的，某种意义上都是他们带给我的。在最无助、孤单的时光里，假如没有他们，也许我早已坚持不住，离开这里，怎么可能遇见之后的种种精彩与美丽？

从未说起过去的我们，就此开始叙旧。我才知道，当时大家的处境都十分艰难。王涵正在做一个选择，是继续留在北京，还是回老家做一个安分守己的公务员？

Summer那时正在怀疑自己是否适合读这个专业的研究生，很想退学。

那时，我就像微弱的光芒，以积极的存在，给了他们某种动力和支持。让他们更为珍惜当下，更加爱惜追逐梦想的自己。

那次聚会时，正好下起了雪，纷纷扬扬，却让这个冬季显得格外的温情脉脉。

透过窗户，眼前有些朦胧。

在你觉得自己最窘迫的时候，只要你坚持着不放弃，每天都积极向上，你也是可以给周围的朋友带来正能量的。而朋友之间的陪伴，更是一种相互依偎着的温暖。

可以什么都不说，什么都不做，安静地陪着他们，竟也度过了最难忘的时刻。

这个快节奏的城市，这个冷漠的都市，想遇见一些人，一些事物，几乎触手可得。

唯有那些愿意在你身边的，陪伴你成长的朋友，最后成为了你生命的见证。这一切实属可贵。

你一直觉得内疚，无法给予他们更多，无法回报他们太多。可他们却一点也不在乎，因为在远走的时光中，他们说，你就是那个瘦弱的女孩，每天早晨四五点就起来在寒风中阅读英文，在蹭课时默默坐在最后排，在看电影时总会泪流满面。这些向上，向着阳光生长的状态，早已感动并温暖着他们柔软的内心。

他们也顺利地走过一段人生的艰难历程，走向前方，从不后悔。

每个人都有自己的生活方式，当然，也有选择如何去生活的权利。很庆幸在我年少轻狂的日子里，即使生活给我设置了一道又一道路障，也由衷地高兴自己都一一迈了过去。

还能再说什么呢，此后的每个冬季，趁电影节恰好时，趁大雪未融化。

生活从来不是励志剧，做任何事情都一样，没有足够地用力，即使努力到八分，你也真的撑不下来。

也许，你从未真正拼过

女神的标准是什么？

对我而言，只有两点，一是美，二是简单。

我身边就有个正能量女神Canny。

我这人习惯对戏剧性的场面心存好感，总觉得这戏剧情节里的人之间有着特殊的缘分。我和Canny的第一次见面就很有戏剧性。

连绵雨天后的阳光正好，我一个人懒洋洋地坐在阳台上晒太阳，三角梅开得正好，我刚刚裸辞。耳边传来固执的敲门声，我本来懒得理会，在它经久不衰地持续了五分钟以后，我只好投降。

打开房门，我看到一张漂亮的脸。身高一六五左右，头顶遮阳帽，露出刚到脖子的黑色卷发，细长的眼，薄薄的唇，怎么看都是位犀利张扬又成熟的人。

没想到，她比我小三岁，一张口还有点天然呆。

她温柔地说了声“你好”，然后一改谦卑，变得热络起来：“这位置挺好的，让我看看房子的格局好吗？”

合租的女孩昨天刚离开，我根本还没发出招聘新室友的信号啊，眼前的女生饶是女神棍也不能未卜先知到让人如此咋舌吧。

很显然，这姑娘找错地方了。

后来误会解除，却没能阻断Canny入住的决心。

Canny一点陌生感都没有，老朋友一样笑着说："一会儿吃饭叫上我成呗，你肯定知道这附近哪里有好吃的。"

我满脸黑线，就因为姐小象腿、水桶腰，就料定姐是吃货吗?

我已经"节食"了好久，只是效果不明显好吗!

Canny自顾不暇地收拾着行李，一小时后，我眼前出现一包牛肉干、两袋小辣鱼，抬头是Canny笑得腻死人的脸。

我爽快地接过，好吧，算你狠，知道如何讨姐欢心。

就这样，在微胖界浮游的我和在女神界稳站的Canny友好同居了。

后来，我们结伴奔走在小巷口，Canny晃着手中的塑料袋说，她第一眼看到我，就知道我们是同类人。于是，她果断"抛弃了刻意的伪装，就这么赤诚相对了"。

我对着她瞪眼。其实，除了吃货这一点上，我和Canny真的不是同类。

Canny是传说中"别人家的孩子"，弃经济学院到外语学院，拿到五百强企业offer（录用通知函）又拒了它，一路丢着精英玩。

于整日熬夜写稿的宅女而言，能得以如此近距离接触女神，我对Canny满心崇拜。她总能令人愉悦，更何况她一直都没流露过居高临下的精英范。

有一天，她告诉我："曾经最胖有一百二十斤，不过一年以后再也没高过九十二。"

面对如此让人眼红的战绩，我迫切地追问原因。

结果，她居然告诉我，减肥的终极目的是为了省钱。

我听了差点笑晕过去："你一毕业就拿着八千块的月薪，为什么还要省钱？”

Canny严肃地说：“身材不好的人选择衣服的余地很小，只能买连衣裙。但是，低档的连衣裙穿起来很容易走形，也容易撞衫，看起来非常廉价。高档的连衣裙则太贵，而且损耗率太高，算来算去，最省钱的办法就是把体重减到四十六公斤以下，塑造出比较坚实的曲线。等到香港打折季，抱上一堆十几二十几的贴身莫代尔连衣裙，还能提前体验一把身后都是外国人的快感。”

Canny看了看我，然后像往常一样笑歪了嘴角，向我发出邀请：“跟我一起健身怎样？”

在我欣然应邀跟着Canny去健身的时候，我笑不出来了。

每天下午，Canny都会拽上我去健身，在干净整洁的健身中心，她娴熟地在跑步机上热身，然后拳击，举哑铃，一步步有条不紊。

我在打了半场拳击以后退下来休息，一边喝水一边跟Canny闲聊：“亲爱的，你说我身材练到360度无死角了，是不是也可以当教练了？”

事实上，我根本就没想过要做健身教练，无非是没话找话，我是为了拖延点时间。

“你啊，当然不能。”Canny雷打不动，看都没看我一眼，嘴巴细碎地动着。

“为什么？”我很诧异，讪讪地摸了摸微凸的腰腹，纵然没有天分，但是好歹咱有一颗向上的心啊。

“想当裁缝的厨师只能当个卖布的。”Canny终于放下了哑铃。

她坐到我身边，一边喝水一边说：“高中的时候我是个小胖妹，高考以后我有了健身意识，周围的女生都在关注八卦，我在研究饮食健康和运动成效。她们逛街消遣的时候，我在跑步机上慢跑，我骑动感单车，后来我请了私教，跟着教练做体能测试，身体韧性、手指握力、弹跳力、平衡能力……各种数据都很差，教练带我练拳击、跳健

美操。你羡慕我腰细臀翘、手臂纤细，可是这一切是怎么得来的，你不清楚。我即使加班到很晚都不敢间断运动，我慢跑从500米到1500米，从徒手深蹲到负重15公斤深蹲，我挑战了这么多极限。当然，大汗淋漓也让皮肤的状态好到不能再好。我就是这么走在健身路上，一步一步，慢慢走过来，已经10年了。”

我瞪大眼睛看着Canny，她真是个漂亮的姑娘。眉峰微抬，眸子乌黑，宝蓝色运动装，一身奶油白的肌肤仿佛随时会融化似的。原来，再幼稚的理由也是需要付出百分百努力的。

她大大咧咧地像土匪般一把拉住我的手，害我差点没把手里的水杯摔掉：“夏大牙，别偷懒了，继续吧！”

Canny眉角一动，灿烂的笑容飞扬而出。

“哦。”我有点回不过神。

我低着头，盯着脚下的砖地，有那么一点点不易察觉的湿意染了眼眶。我承认，我被打败了，因为我没想到肤白貌美的Canny竟如此励志。

她拥有开连锁餐厅的富裕家境，从小享受着优质教育资源，独立又努力，用性价比原理点评也只能点32个赞。

我想，我明白了Canny的意思。

做事要发自内心地热爱并为之努力，而不是一开始就抱着功利心去想结果，那样充其量只能当个半吊子。

出来的时候已是暮色垂垂，我和Canny肩并肩走在宽阔的柏油路上，晚风清凉，温柔地抚着她翩翩起舞的裙角。

我突然想起自己初出校门的那一年。

我以为凭借在杂志上发表的几篇文字便拥有了专职写字的资本，事实上，贫困潦倒困扰了我很长一段时间。迷茫和烦躁如影随形，我只能努力让自己忙起来，不停地阅读，有灵感了就提笔，常常写到深夜倒头就睡，才能忽略见缝插针的挫败感和无助。

如今，我终于如愿以偿，至少能以文字换得温饱。

有时候在论坛里遇到网友问我怎样写作才比较容易发表，或者出书有什么捷径，我都不知道该如何回答，经验这东西并不是传授得当就真能运用自如。

而且，写作真的是一件既辛苦又微利的事，于想赚外快的她们而言并不划算。

生活从来不是励志剧，做任何事情都一样，没有足够地用力，即使努力到八分，你也真的撑不下来。

我还有一个好朋友正在铆足劲学芭蕾舞，当然只是形体芭蕾。

世界那么大，我们和身边的人都在为工作、为美丽、为情爱、为了当下的自己，努力作为。它不顶饿，不解渴，甚至还不能获得他人的赞许，却让人甘之如饴。

得不到结果，又有什么关系呢？

因为热爱，才会不计较付出全部力气。不能破茧成蝶又怎样，递交给自己的试卷是满意的就很好啊。

我不崇拜魔鬼身材，也没有男神可迷恋，可是我愿意继续努力，为了遇到更好的自己。

太阳会照常升起，雾霭会逐渐散去，曾经丢盔弃甲的灰败时光也终能重归平静。

太阳会照常升起

2010年，第K108路公交车站站牌后面的粉色九重樱开得正绚烂，春晨的空气清寒，苏菲青春的血液在涌动，是的，不是流。

苏菲的第一部小说《还好有时间，把心事都抹平》出版上市了，她等不及快递来的样书，决定先去书店买一本。

当时的她情绪很high，觉得自己很了不起。

时至今日，苏菲仍然在写作，仍旧有新书出版，可再也没有觉得自己了不起。

她的情绪很淡，不会兴奋地彻夜刷屏，更不会开心到彻夜失眠，更多是该干什么干什么的淡定。

她波澜不惊，和三年前判若两人。

这个世界难能成就一个J.K.罗琳，偏有天真的少女笃定自己有十分的未来。

第二部小说出版后的两个月，苏菲做了一个冒险的决定——退学。

她在武汉大学下属的一所三本学院就读，学费昂贵，专业也很烧钱且不得心。

苏菲觉得大学生活无非是一块锦上添花的个人标签，既然她已经握住了命运给的甜果子，像上大学这种人人都经历的平凡，体验一把就可以了，剩下的时间应该对喜欢的事全力以赴。

她不喜欢波澜不惊的人生，她要的是不留后路的决绝。

不留后路的孤注一掷，是光彩青春必然历经的宿命。高考那年，苏菲为了爱情义无反顾地奔向武汉这座火炉城市。后来，爱情华丽转身，她将一腔少女情怀投入写作中。如今，为了更好地写作，她迅速办好了退学手续，并飞快地逃离了这座城市。

在这急追猛赶的时代，一个人的变化再剧烈，骨子里还是有不变的物质。苏菲的眼睛里隐藏着孤注一掷的偏执，哪怕在她自认为平和的现在。

从武汉搬离，苏菲回到了岳阳，与一班在酒吧驻唱的乐队合租。

岳阳的空气清新湿润，路边的蔷薇繁茂泼辣，苏菲每天跟着乐队出入酒吧，兴致勃勃地看着他们排练，偶尔心血来潮会跑上舞台客串一把。更多的时候，她在酒吧里喝着酒听形形色色的客人吹牛。

钱不够花了，苏菲就执笔写文，一部恣意的校园爱情故事能换来一个月的生活费还有足够的酒钱。她就这样沉浸在电吉他和架子鼓的演奏中，土拨鼠一样兴奋地享受着醉生与梦死，因着这放纵，生活的快感虚高。

可是不过数月，苏菲就觉得累了。洞庭湖畔水波荡漾，空气中飘浮着草木特有的清新味道，北风在耳边呼啸而过，苏菲在混沌中骤然清醒，她决定回到正常的生活轨道，先找份工作吧。

打开招聘网页细细搜索，苏菲才发现，能出入高楼大厦的体面工作都是有学历限制的，她手中的高中毕业证连最低的大学专科要求都达不到，而发表数本小说的优势也无法在强大的文案职责要求里横行霸道。

小说市场在出版行业已经饱和，又应聘不了与文字沾边的工作，但，总得活啊。

苏菲只好去宠物专卖店做店员，因为之前没有任何与动物相处的经验，没过几天，她在给宠物洗澡的时候被狠狠地咬了一口。打完狂犬疫苗，苏菲欲哭无泪，三百块的医药费是全部工资的二分之一。

她后来去街边的快餐店当服务员，应付得了堆积如山的油腻盘子和碗筷，却因受不了客人无礼的呵斥而辞职；她又跑到医药公司当医药代表，又因脾气执拗做不来低眉顺眼而被辞退。

也是，这些世故的职业，哪里是不谙世故的她能搞定的，更何况，她骨子里还有一份孤勇的偏执。

苏菲反复对身边的人说，写作大有讲究，它需要厚积薄发。不知道她这祥林嫂一般的重复强调是为了说服别人，还是说服自己。总之，眼高手低的结果是她失去了信任，她身边的每个人，父母、朋友、同学没有人再相信她。

那段孤独的时光，苏菲独自品尝着任性带来的苦果，她的哀伤无处倾诉，初写作换来的那一点自足感在一夜一夜无奈的空熬中悄然消逝。

“我为什么不先把大学读完呢？有了毕业证也好找份安稳的工作啊！”

无数个夜晚，苏菲躺在窄小的木板床上，悲哀地想，越想越悲伤，眼泪不受控制地糊满了脸。

命运就是“腹黑学”的高手，在送你一颗甜蜜糖果之后，总会刻薄地再添一个巴掌。

这样，你就看懂了生活。

然而，这还远远不够。

绿柳花红，白玫瑰开得最盛的时候，苏菲又谈了一场恋爱。

分手的时候，那个男生刻薄地批判她：“你这样的，连餐厅的女服务员都不如。”

爱情的结局不尽如人意。如今，苏菲跟朋友们提起此男生时，尽管仍是一副咬牙切齿状，但她心底明白，她真的很感谢那段声嘶力竭的时光。

他们总是吵架，但她知道，他是真的为她好。

他毒舌的评价，她一一牢记，在心底暗暗发誓一定要比他说的优秀百倍。

这场失败的爱情后，苏菲没有把岳阳这座温馨的城市当成替罪的羔羊。整整两年，她闻着湖畔隐隐的花香，看着黑暗中平静的河面，沉着下来写作，她写青春的拥有与感知，写光阴的面目，写城市的孤独，写红尘的烟火味……每天一万字的连载，粉丝持续上涨。守得云开见月明，她的小说终于再次出版了。

苏菲独自一人走在城陵矶的街上，发现海关路与桂花园路交接的地方，多了几株高大的老槐树。天晴朗，万物生长，槐花一串一串沉甸甸地缀满枝头，清风扬起，白色的花瓣飘落下来，铺在青灰色的地砖上，如寒冷冬天里的大雪。苏菲就在这纷纷扬扬的“白雪”里穿过，走向对面喧嚣的菜市场，才明白过来，这世上唾手可得的美是现实情感与理想的互相妥协。

如果你曾经因为梦想而隔绝世俗，那你必将坠入寂无一人的空谷；而引领你从谷底翻身的，也必定是不可言说的世俗。

苏菲的小说出版不久，一家影视公司伸出橄榄枝，力邀她去公司做职业编剧，公司的地址在北京，他们看中了她的小说并打算改编拍摄。

苏菲欣然前往。

退学五年，她终于得以实现以写作为生的心愿。

编剧的生活并不如想象的那般光鲜与体面，现在的苏菲常常会为了深刻揣摩剧中角色的内心世界，而做出一些匪夷所思的举动，也会因为剧本与公司资历深厚的科班毕业同事吵得不可开交；至于为赶稿而彻夜熬通宵，或者将写好的稿子推倒重写十遍更是常有的事。

但，这些透支心力的事情让苏菲颇为欢喜，因为跟之前的生活相比，她现在做的事实在是自在太多。

时光垂目，呼吸在不纯净的雾霾中，苏菲忍不住自嘲，北京这糟糕的天气和曾经的自己真相似。

只是，太阳会照常升起，雾霾会逐渐散去，曾经丢盔弃甲的灰败时光也终能重归平静。

青春正盛的年纪，苏菲做了太多半途而废的事，谈过几场恋爱，换过几份工作，却始终对写作这件事从不曾放弃。

乌云还会遮挡烈日，雾霾还会突然而至，发生在我们身上的得意与失意，对生活来说都是再平常不过的事。

人生的一切坎坷曲折，惊心动魄，在雨散云开之后，都会染上轻薄的夜色，随风而去。

伤痕累累浑不怕，只要朝着光的方向走，就好了。

昨夜哭湿的枕巾，早点扔进洗衣机吧！

你很努力，但你会发现这里还有许许多多人活得比你更努力。

只有努力，才能够得着诗和远方

那天，阳光毒辣，北风呼啦啦地吹，吹得顾晓心底一片黯然。

她从出站口走出来的时候，一脚踏空狠狠地扭伤了脚踝。那本该是一块地砖的地方，凹了一块，冒出一株茂盛的草。

爸爸揽过了所有的行李，顾晓在后面看着他吃力的背影，懊恼起自己的任性。在职场里摸爬滚打，急风阵雨很是常见，怎么就那么冲动辞了职呢！

辞职就算了，去个陌生的地方散散心，回来继续厮杀。可怎么就大脑短路跟老妈宣布要回家休息一年呢？唉！

也许是时隔太久，也许经济的迅速发展也携着小城常建常新，顾晓回到家乡，才发现它与记忆中大不相同。

回家的第三天，顾晓心血来潮，想循着记忆走一走当初走过的路。

街道上多了几组雕塑，新的市政广场栽满了松竹，顾晓在某个岔路口改了主意。

她走到常去的书店门口，闻到了马蹄烧饼的香味。

泥土盘成的炉子里燃着火，饼坯挂满的密密麻麻的白芝麻贴在炉壁上，顷刻就可以喷香出炉了。在学校的门口，路边的早餐摊子上，马蹄烧饼随处可见。顾晓爱极了这个接地气儿的吃食。它的出现让顾晓想起在这里生活的时光，想起这座城市温柔的清晨和温暖的黄昏，在这里，她在高中杀气腾腾的枯燥天空里埋首苦读。

顾晓不自觉地走了一小时，刚好遇到一位在自己家门口分不清方向的老人，然后她热心地给老人指出回家的方向。一个人兵荒马乱的时候还能给别人温暖，这让顾晓很高兴。

这样的温暖，在罗马的大街上也曾与她不期而遇。

那是去罗马旅游的时候，冒失的顾晓在大街上迷了路，正犹豫间，一位面目和善的胖大叔凑过来帮忙。

顾晓向他展示了写在纸上的地址，不料他像机关枪一样噼里啪啦地说了一大串。

她当场懵掉，只能不断重复“slowly”想让他降低语速。

热心大叔似乎看出了她不是很懂意大利语，只好用口音模糊的英语继续指路，顾晓再次懵掉，他的英语比她还烂啊。

如此僵持了十多分钟，胖大叔看了几次手表，估计也是在赶时间。最后，实在没办法，他干脆把顾晓赶上一辆随手拦下的出租车，

然后和司机嘀咕了几声，又掏出钱付账，就挥挥手走了。

顾晓扭过头，透过玻璃窗看着胖大叔的身影在萧瑟的斜阳中渐行渐远，第一次在陌生嘈杂的城市里感受到温暖。

旅行的意义未必赛济世良药，却可以是一片阿司匹林。

顾晓的家乡有一个依运河而存在的小镇，虽然商业开发得热闹，但是小镇还保持着原本的特色。

走进古镇的主街道，入眼就是几家旧书店，青砖白瓦和旧书黄纸交相辉映，竟然有一种难以言说的意味。

只是，活在快节奏、高效率时代的年轻人已然更热衷繁华的美丽，古香古色的小镇日渐落寞了。

顾晓站到城楼上向下望，运河水浩瀚地铺陈在蓝天下，恍然想起了满满当当、川流不息的地铁。

北京的生活，顾晓每天睡觉的时间可以用手指推算出来。

早上七点起床去坐班车倒地铁，下班后再辗转一遍回到住处。

地铁上，十个人有九个在看手机，顾晓在离开之前一度认为北京的那段生活无趣而刻板，但此刻，她并不这么认为。

川流不息的街道，每一个归家人的脚步都有相似的疲惫，当然，还有面目一致的认真。

你很努力，但你会发现这里还有许许多多人活得比你更努力。

这座城市淡定而包容，城市里的每个人严谨地活着，努力工作而不知疲倦，带着也许永远都不能触及的梦想，它消磨了你的戾气，督促你成长。

在北京，你有点儿孤独，更多的时候心情宁静，有梦可想，有事可做，这还不够吗？

成熟之前，我们向远方寻找快乐，对未来慷慨奉献；成长以后，我们在原地培养快乐，愿意为了某个念想卑微地付出。

咿咿呀呀的木梯声把顾晓拉回现实，楼上有人在卖纪念品。

岁月静好，迎来送往的茶楼里，说书人饱满的声音夹裹着浓浓的乡韵。参天古树，百年楼阁静默在夕阳下。顾晓想着，如果在古城区开一家客栈，看一看各式各样的人生，也挺好的。

世界只有一个，就是你选择的这一个。

远方与原地，任何一个地点都蕴藏着快乐，这也是旅行之后收获的意义。

明天过得怎么样，取决于今天的你怎么做。时光是怎样爬满了你的肌肤，只有你自己最清楚。

明天过得怎么样，取决于今天的你怎么做

周六，我和Songs在QQ里遇到。

她兴奋地告诉我："我们搬进新房子了。"

然后，她特意打开视频，让我一览新居：温暖的光束打在弧形的书柜上，光芒当中飘满温馨，奶白的书桌正对着一面照片墙，如同一条通往神秘之处的路引。窗台上一盆又一盆缩头缩脑的可爱植物并立，翠绿水嫩，仿佛镀了光边……

Songs是大学里睡在我上铺的姐妹。入学那年，我们从外地涌入北京这座陌生的城市，几个伙伴结伴走在繁华的马路上，路的一侧是一条碧绿的河，河岸上种着石榴树，红红的石榴花在树上探头探脑。

Songs指着对面一排起伏有致的楼房，跟我说："我一定要在毕业三年内，买一套属于自己的房。"

我不置可否，年华正盛，多的是豪言壮语。全国的房价只升不降，首付于入职不深的菜鸟本科生而言，无疑是天方夜谭。

只是我没有想到，两年以后，Songs竟然真的完成了对自己的承诺。

Songs跟我一样是单亲家庭出身，比我更不幸的是她母亲体弱多病，亲戚之间关系平淡。初三那年，她和母亲久住的蜗居发生了一场

不小的火灾，母亲惊吓过度进了医院，她请了一个星期的假。

Songs回到学校，班主任在班会上号召同学们为她捐款，她上台发言说："谢谢，谢谢大家，可我有手有脚，我能自足。"

然后，她把钱全部都退了回去。

中考结束，Songs放弃了声名远播的重点高中，去了二中，因为这所学校不仅免掉她高中三年的全部费用，还给了她一笔丰厚的奖学金。

她上大学申请了助学贷款，除了课堂学习，她的时间几乎都奉献给了各种各样的工作。每晚自习结束，我们完成任务一般各自回去，她却精神抖擞地穿梭在各个宿舍做着小生意，袜子、卫生巾、指甲刀、饮料、方便面、瓜子一应俱全。周六日，我们还在被窝里伸着懒腰，她已早早奔走在路上，日程被三十元每小时的家教课排得满满当当。

当然了，这些工作都没有影响她的学业，奖学金年年拿；也没有影响她成为一名称职的学生会会长。

大四那年，因为对未来充满了迷惑，我脑袋里常常有各种疑问，而这些疑问更让我对未来感到恐慌。我很烦恼地想拿着这些疑问去跟Songs分享，但每当看到她从忙碌中抬起头，对上她熠熠生辉的眼睛时，我索性闭了嘴。这样拼命努力的她都不曾有一句抱怨，我还有什么可说的呢？

Songs毕业后在一家广告公司上班，每天加班累到团团转。碰到临危受命的项目，只能连轴转，从策划到设计，从统筹到执行，到协调供应商、设计师，有时客户场地还会一变再变，一天四个小时的睡眠时间，连续十几天。常常在项目结束后，睡好几天人还是飘着的。她如此珍惜光阴，目光坚定，自然很快如愿以偿。

此刻，Songs身在自己的新房里，欢快地跑到客厅、卧室和阳台拍照，同千里之外的我分享这收获的喜悦。

夕阳扯下幕布，黄昏正在到来。Songs洋溢着快乐的脸自嘲：

“我为了早点攒到买房的钱，恨不得一分钱分成八瓣用。”

“你真是强悍之至，难道不觉得累吗？”

“嗨，小磕小碰的时候肯定有，不过我一想到任务完成得又好又快，买房的存折上数字越来越大，我就开心了。我喜欢这样的工作环境，虽然有时候很累，但累得明白，累得清楚，累得痛快。”屏幕的另一端，Songs笑嘻嘻地说。

每个人都有自己的位置，如果你觉得不那么舒服，或许是方向错误。而目标明确的人总是有一致的倔强，拼命只是一个过程，咬牙忍耐生活中柴米油盐的种种烦琐，是为了抵达心慕已久的彼岸。

也许你羡慕她能在众人中脱颖而出，她拿到了年薪二十万的offer（录用通知函），她成立了自己的工作室，她年纪轻轻就博士毕业。可是，她春夏秋冬雷打不动每天坚持五点起床练口语的时候，你在做什么？她牺牲掉所有业余时间，一门心思钻研营销手腕、促销方案的时候，你在做什么？她耗费半个月的心血，为一件服装手工选材、设计、打版、缝制，亲力亲为，每天从不间断手工的时候，你又在做什么？

所以，真的不必羡慕。明天过得怎么样，取决于今天的你怎么做。时光是怎样爬满了你的肌肤，只有你自己最清楚。

冰心说：“成功的花，人们只惊羡于它现时的美丽，却不知当初它的芽儿，怎样浸透了奋斗的泪泉。”

站在至高的平台，必然付出更多的汗水，是真理。

说到底，你的选择决定你是谁，在这个人人都期望与众不同的时代，重要的修炼在于个性，在于心态。别去想天上掉馅饼，也别去看别人，我们的幸福取决于我们自己本身。

你的世界因谁而亮，又到底如何能始终坚定不移地保持明亮呢？

你知道，是因为梦想并为之努力。

倘若我们想要得到成功，就必须积极地寻找机会，敏锐地识别它，果断地抓住它。

动起来，让梦想照进现实

我该怎么办呢?

请帮帮我。

我的邮箱因为征稿而被各色投稿所充斥时，你的唐突因为格格不入而显得更加注目。

邮件的内容有些沉重。你说，大学毕业以后留在了北京，原本以为生活会开始变得轻松一些，可刚工作收入不高，交了房租满足温饱之后总感到寒酸拮据，枯燥和琐碎的感觉胜过工作的乐趣。你说独自挣扎的孤独感让你觉得生活很灰暗，你不知道该留下还是该回去。

我不想给你一碗靠个人努力打拼终会出人头地的心灵鸡汤，也不想给你一剂苦难是青春必经的精神良药。

我也不知道该如何准确回复，生怕一句不妥毁了你的一生。

显然，你是否会听从我的建议是另一回事。

那么，好吧，我想，我能讲个故事给你听。

姑娘A出生在省城，家境优越。

她的父亲是位很有名气的银行家，母亲则在一家声誉甚高的大学里担任教授。

她从小学起就梦想着做一名演员，事实上她觉得自己完全具备表演天赋。

A姑娘十二岁那年，她的父亲为了表示对其理想的支持，通过朋友圈帮她谋得一个童装品牌的广告。

漂亮的衣服、炫丽的灯光，衬得A姑娘粉嫩非常，她那双纯净天真的大眼睛让人恍然生出这是一个小公主的感觉。

这个童装广告在电视台播出以后，A姑娘非常兴奋，她笃定自己可以凭借这次机会一炮而红。

然而，理想丰满，现实却太过干瘪，A姑娘所期盼的一切并没有发生。

事实上，直到A姑娘大学毕业，奇迹都没有发生。

也有影视公司打来面试电话，二十岁的A姑娘所能拿出的唯一资本就是十二岁那年拍摄的广告，除此之外，她再也没有任何相关的经验。

她不曾为做演员的梦想付出过任何努力，如姜子牙钓鱼一样等待命运的主动召唤。

姑娘D呢，却实现了A姑娘的梦想，成了一位颇有名气的新生代偶像。

她没有A姑娘那般优越的家庭环境，更没有强大的经济支持，所以，她也没有坐等机会的时间。

大学四年，D姑娘白天在快餐厅做小时工，晚上在咖啡店做服务生，以赚得每年的学费和生活费。

毕业前夕，她跑遍了北京所有的影视公司和剧本创作工作室。毫无疑问，这些公司完全不会施舍机会给毫无工作经验的年轻人。

D姑娘这么努力地寻找机会，却依旧没能如愿获得一份满意的工作。

毕业后，她从学校搬进一间八平米的地下室，每天早早跑到北影门口与黑压压的一群人挤在一起等机会。然而，大部分时候是徒劳的。D姑娘背着包一等就是一天，午饭用一个菜饼解决，偶尔接到活儿，D姑娘总是异常欢喜。

晚上回到小小的地下室，D姑娘依旧不忘在网上寻找机会，不间断地阅读贴吧、论坛、微博的信息。

半年之后，D姑娘在微博上看到一则招聘启事：横店一家不出名的电视剧组招聘一名化妆人员。

太好了，曾经为了获得更好的演出机会，D姑娘在化妆学校上过课，这份工作她完全能够胜任。

D姑娘是地道的北方人，她并不喜欢南方的湿热和多雨。

但是，为了有一份固定的、与表演相关的工作，空气是干燥还是潮湿，那里是晴天还是雨天，现在都不再重要，她不想放弃这个机会。

面试很顺利，D姑娘很快被公司安排到剧组里。

初入剧组，工作艰辛，D姑娘是如何咬牙坚持的过程，不必再复述。

两年后，D姑娘在工作中如鱼得水，闲暇的时间都用在群演上，演出的机会越来越多，演技也越来越好。

七月盛夏，D姑娘跟了新的剧组。

影视剧开拍的时候，一名配角女演员得了急症无法参与拍摄，事发突然，导演急得跳脚。D姑娘见机自荐，凭借两年的群演经验，成功拿到了女配一角。

这部青春偶像剧在电视台热播之后，D姑娘借此火速地红了起来。通告不断，身价也水涨船高，甚至收到了国内某知名导演的邀约。

两位姑娘，年纪相仿，外貌相当，D姑娘甚至略逊一筹。但，为什么A失败了，而D却如愿以偿呢？

因为A在这十年里，一直停留在幻想中，后来更是频频回望唯一一次演出的经验，想借此为依靠，坐等机会来临；而D则是积极地行动着，为理想努力地创造机会，最后，如愿以偿。

那段并不算长的时期，D无知无畏，坚定自己要成为什么人，做任何事都自己拿主意。

“良机美辰等不来，艰苦奋斗人胜天。”这句话正表明了机会的寻可得、坐可失。

倘若我们想要得到成功，就必须积极地寻找机会，敏锐地识别它，果断地抓住它。如果只是固执抱着手中一点小小的成绩，不知进退，瞻前顾后，必然会与机会失之交臂，徒留下悔恨、遗憾。

不要频频抱怨上帝不公平，生活对我们都是一视同仁。

得到机会女神垂青的是那些懂得去追求她的人，而坐等机会的空想家注定陷在平庸之中。

你的梦想和她的梦想也许并无不同，但是，结局是她实现了，而你却未成功。还好，我们都还年轻，与其在中年深陷无限懊悔中，不如现在就勇敢地走出第一步。

所以姑娘，该如何做不重要，重要的是，当你想做什么的时候，行动起来就好了。

很多人渴望自由。其实，自由都是相对的，不自由才是绝对的。

其实你早该知道

夜深人静，小鱼在QQ上弹出视频请求，我接了。点开后看到她巴掌大的脸在屏幕上晃动，冲我挤眉弄眼。

“忙什么呢你？”我说。

她笑嘻嘻地说：“我在大连。”

脸颊上浅浅的酒窝一闪而过，陈小鱼告诉我，她升职了。

四年前，这妞过得很苦恼。

她说：“我讨厌现在的工作，朝九晚五，上班的心情如上坟。”

她说：“我都变得不认识我自己了，我觉得我就像个渐冻人，在逐渐失去知觉，失去了原本的快乐。”

她说得越多，我的思考也越多。

退回到学生时代，这妞大约是我们那届最潇洒的一个女生了。

大学四年，我们在苦读，在打工；她潇潇洒洒走天涯，游遍全国。当然，并不是穷游。

月末，我们紧衣缩食期盼下月到来，她却为一件外套豪掷两月零花钱，不计后果。

至于恋爱，能一圈又一圈绕着校园，甜蜜私语到天亮的恋人能有几个？

然而，青春璀璨，炫目地绽放之后，剩下的漫长时光，我们会重新投身到平凡的社会。

我们的成长，若是徒有喜好而没有方向感，注定有点苦。

显然，陈小鱼，你不是唯一一个这样的苦行僧。

2006年，金融学还是这个年代最热门的专业。

我和陈小鱼同在山大管理学院读金融。毕业后，我们也和大多数同学一样，做着与专业相关的工作。

工作的艰辛让我们逐渐褪去青涩的外表，丰厚的薪资满足了我们鲜衣怒马的生活，却又让人觉得很迷茫。正如陈小鱼所说，一眼望到头的生活让人心情很糟糕。

当时，我给自己定了一个买房的世俗目标。

陈小鱼呢，家境富裕，房子、车子这样物质化的追求在她眼里显得太微不足道。

恰在此时，她将眼睛的所有焦距都对准了新任主管。

这个大陈小鱼五岁的女人，是纽约大学的金融硕士，身边的朋友大多眼界不凡。陈小鱼在这样的资历里看到了差距。

于是，她决定去读MBA，并且非名校不可。

第一年，陈小鱼牺牲了游泳时间，杜绝了酒吧生活，一心一意扑在图书馆，可惜没成功。

第二年，她干脆辞了职，蹲在家里一心备考。

这妞终于如愿以偿。

她开心地交了高昂的学费，开始了忙忙碌碌的三年。重新被知识独占的人生，陈小鱼如鱼得水，尽管瘦了很多，精神却很好。可能是长期俯首写论文，身上竟沾染了几分书卷气。

你看看陈小鱼的这段再求学经历，也是很好的励志故事，对吧？

其实，这样的真实，在我们周围很常见。

我们看到了，是因为跟这个事件的主角相熟或认识。

大多数的时候，我们看不到，是因为我们活得太粗心，或者干脆封闭了自己，以为梦想已死。

这世间太过平淡匮乏，我们习惯在别人身上寻找传奇。

我们看不到梦想，我们不能接受平淡的生活，又不得不承认，人一旦过了某个年纪，已经很难执迷于某一件事了。

无他，疲倦。

对自己诚实的人，往往习惯跟现实做谈判，陈小鱼无疑最勇敢。

青春总是相似的，成长却是不可复制的。

有人是在一些鸡毛蒜皮的事情里逐渐成长，有人是在被现实揍得鼻青脸肿后一夜长大。陈小鱼则是历经一番青黄不接的承受后，破茧而出。

MBA毕业，陈小鱼入职北京一家会计师事务所。工作仅半年，业务不顺心，身体闹革命，她索性辞职休息。

陈小鱼在家过了一段很长时间的无业游民生活，她想要好好享受一下自由。

除了帮父母料理点事情，她大把的时间都用在钓鱼这件事上。

钓鱼并不是什么高大上的特长，因此，莱清河上几乎看不到年轻人。在这条河边钓鱼的陈小鱼，显得很孤独。

几乎每天，她都是一个人在河边坐一天，饿了吃点华夫饼干，渴了喝口蜂蜜柚子茶。相信过路的人看到，都会忍不住心生羡慕，这样闲云野鹤的悠闲，真好。

陈小鱼曾经也是这样想的，豆瓣网上那句“到动物园散步才是正经事”让她崇拜了很久。

但当她有了无穷无尽可以任意挥霍的时间之后，才突然觉得时间没有了意义。直到此刻她才肯正视自由的含义，她想起她的导师曾经说：“很多人渴望自由。其实，自由都是相对的，不自由才是绝对的。”

是的，当时间都失去了意义，其他的一切还有什么意义呢？

想明白的陈小鱼果断扔下了鱼竿，很快找到了新的工作。

她不再抗拒也不再抵触公司的任何安排，也不再排斥格子间微妙而无形的竞争，甚至再也没有抱怨一声辛苦。

与此相对的，她得到了工作带来的收入、友情、成就感以及合理的休息时间，陈小鱼觉得很满足。

她说：“感谢工作，让我学会了珍惜。”

年轻的时候，走到哪里都是路。

辞职与自由，忙碌与享受，读书与考试，雪月风花，吃喝玩乐……从头到尾，过怎样的生活完全在于自己的选择。

当然，选择的结果有好有坏。

有时你被海市蜃楼迷惑了双眼，以为扑上去会光芒万丈，结果得到的是尴尬，是艰难。

但每一次抉择后的迷失都是暂时的，只要你咬紧牙关坚持住，就能看清迷雾中的前方路途。

至于，什么是你真正需要的，答案还是只有你才知道。

蜕变的艰难并不可怕，可怕的是，你没有渐变的行动力。

蜕变太远，不如渐变

大一下半年，学校的比赛层出不穷，我在演讲比赛上认识了学姐沈如。沈如比我高一届，是经济系的四川姑娘，脸小小的，皮肤白白的，声音婉约轻柔，与黄鹂鸟有一拼。

聊天远比彩排的时间多，沈如说自己一点都不喜欢斗志昂扬的演讲。

“那你喜欢什么？”我好奇地看着她。

随后，沈如兴致勃勃地讲起了播音主持。

她学经济，可她喜欢的是播音与主持，这怎么看都有点柴静的影子。

沈如承认自己很幸运。

在本市电台新人的选拔赛上，她很荣幸地拿到了第二名，因此很容易得到了主持的机会。

第一名是科班出身的播音专业男生。电台决定让他们这对新人做一档栏目——《愿你我被世界温柔相待》。

节目的播出时间在深夜。凌晨一点，万籁俱寂，最适合通过电波聊一聊让人心怀感动、不愿离弃的美好。

我听着心生羡慕。世道艰难，有人正职工作都难找；有人玩个票也能轻而易举上云霄，这就像起得最晚的鸟睁开眼就遇到了从天而降的大胖虫子，真是太不可思议了。

不过，不同的路尽管景致不同，取舍却是一样艰难。

因为节目就是比赛的奖品，她和搭档的工资少得可怜，算是用微薄的福利支撑着绚丽的心愿。

那时候，文艺青年还不曾泛滥。《愿你我被世界温柔相待》的路线很小众，听众有点少得可怜。

沈如最大的烦恼不是听众太少，而是在忙碌的学习中抽空做节目的行为，得不到父母的支持。除了斥责她浪费时间做无用的事，再听不到其他评价。甚至，她身边的朋友都觉得她扩大的人生路径有偏差，那些埋首筛选来信的时间怎么都应该拿出来好好备考 Senior Economist（注册经济师）。

在那段不被看好的忐忑时光里，痛苦、纠结，一股脑砸来。他们的节目因为搭档奇思妙想的主意让广播剧变得生动起来，后来听众剧增，不知不觉间，他们竟然坚持了三年。

一次电视台的访谈节目找到沈如凑数。节目散场，观众在朦胧的灯光里聒噪地散开。沈如意外等来一名观众，那个女孩踩着一双漂亮的银色高跟鞋，像久别的老友一般走到了她跟前。

她开口，笑容温柔清淡："听出了你的声音，谢谢你的栏目，让我被世界温柔相待。"

女孩不知道，就是那么简单的一句话，让沈如如释重负。一千多个夜晚，看似没有回报的付出终于得到了认可，在她心中的那些千钧重的质疑也在那一刻烟消云散。

在那之后，我和沈如很少见面。只是在很多个夜晚，迷茫或疲惫不堪的夜晚，听着她的节目，顿觉心安。

沈如毕业，终于没有拗过固执的父母，她在节目里说："谢谢亲爱的你们，尽管是我自己在说，你们在沉默，但是，正是你们沉默的倾听，让我的主持有了意义。”

随后，她放下了耳麦，回到家乡进了一家中规中矩的咨询公司。

公司工作不累，福利深得人心，听着同事们悠闲而热烈地谈讨着娱乐八卦，沈如总有一种人之将老的恐惧。

她的家乡盛产煤炭，土豪特别多。

那天，沈如接待了一位煤老板，贩煤起家后他做了一家规模不小的投资公司，不谙管理之道。煤老板的公司人员流动太快，甚至HR经理都换了一茬。煤老板灵机一动，找到了沈如所在的人力资源管理公司，决定将公司的所有HR事务外包给他们。

沈如深感煤老板的想法幼稚可笑，但公司还是将任务布置下来，并一再叮嘱这是一个潜在的VIP级的大客户，而且合作成功的机会非常大。于是，经理带着助理和沈如，兴冲冲地奔到土豪所在的写字楼里的奢华办公室。

“我要招人。”煤老板坐在宽大的老板椅上，示意秘书小姐递过一张纸。

经理连忙用双手接过，看了一下，然后将纸递给沈如，示意她与助理一起看下。白纸上潦草地写着公司所需要的人员职务和要求，HR经理一职的要求竟然写着：“女，皮肤白皙，长相端庄，嗓音甜美，身高不能低于168厘米。”

沈如的目光在此停留，脑海中浮现身穿旗袍的礼仪小姐。

在煤老板咄咄逼人的目光中，经理明显抵挡不住。气氛逐渐尴尬，经理正在思忖如何解释的时候，沈如已经如机关枪一样抢白：“张总，您可能对我们公司的定位有误解。所谓人力资源咨询，是根据客户的需求而定制一套行之有效的管理方法，比如福利薪酬、激励制度，以此提高员工的积极性，防止人员流失，最大程度地留住人才。如果你仅仅只是为了招人，大可交给猎头公司。不过，是人才都需要足够好的环境成长，我们是负责帮您改良环境的人。”

煤老板觉得自己被羞辱了，在他的人生观里，自己就是主宰者。他的眼界就是世界的高度，如果他说HR经理必须是168厘米的身高，那么她就不应该只有167厘米。

结果呢？

自然是不欢而散。

经理在前面走，助理在后面悄悄地拉了拉沈如的衣角，用一副略带懊恼的表情说："你这个冒失鬼。"

沈如并不这么觉得，她不明白，公司为什么要拉拢这种不是客户的客户来降低自己的格调。

经理不说话，也没有指责沈如的意思，正是这样的平静更让人觉得深不可测。

与煤老板不欢而散的第二天，小助理怂恿着沈如去探口风，她是不是真的闯了祸。刚好她也很想跟经理聊一聊自己的工作状态，便约

他在公司对面吃午餐。

两人选了个僻静的位置，沉默地吃着食物，经理一声不吭。

沈如只好打破沉默。

“江sir，我最近状态不是很好。”她开门见山地说。

经理从食物中收回目光，颇有兴致地看着沈如，鼓励她继续说下去。

“咱们公司的福利很好，工作内容简单不累，而且相对安稳，可是不知道为什么，我的幸福感就是没办法跟同事们一样高。”想着电脑里那一段一段的录音，沈如一鼓作气说了，她觉得自己真的很作。

它们是她闲暇时的杰作，她将文件夹命名为《愿世界对你我温柔相待》。

“挺好啊，说明这份工作不能满足你的口味，你不是一向嗜辣吗？”

经理的轻描淡写终于让沈如生出几分不满：“难道我应该买瓶老干妈每天对电脑抹一抹？”她气呼呼地说。

经理哈哈大笑，笑够了依然不说话，只是大口大口地吃饭。

汤足饭饱，经理边起身边果断地说：“重新定位，别管别人说什么。要怎么做，渴望什么就去做，学习新的知识，迎接新的挑战，这才是你的辣椒酱。”

经理这是在鼓励自己跳槽吗？沈如简直不敢相信。

不过，沈如并不觉得这次谈话解决了自己的困扰，只是闲着也是闲着，她决定听经理的建议学点新知识。

不经意的选择真的能打开一扇门，沈如先是报了一个婚礼策划师的培训班，为的是锻炼思维和逻辑能力。然后自然而然地跟几个要好的同学策划了几场商务活动，临时缺了主持，大家普通话参差不齐，都不愿意向前冲，一致举荐她。主持的次数多了，居然闯出了点名气。某一天，沈如忽然发现自己站在了辞职的关口。

沈如踏进了活动主持人的行列。她主持过商务宴会，主持过婚礼，也主持过亲子活动。恰逢全国最大的网络电台招聘主持人，沈如没有任何悬念地拿到了offer（录用通知函）。

一次嘉宾采访，对方的人力资源总监让沈如眼前一亮。

经理江sir气定神闲地坐在会议室里，宝蓝色的西装搭配了一条粉色波点领带，这让他看上去至少比实际年龄年轻了五岁。

他假装不认识沈如，沈如毕敬毕恭地递上名片，眼见他将它与其他人的名片一起收进了办公桌抽屉里。她只能拼命掩饰自己的小激动，一板一眼地进行采访工作。

下班的时候，沈如的手机响了。

“晚上有空吗？我还你一份晚餐。”温暖的声音传来，经理江sir一改白天的冷淡。

旧友相聚，话题总离不开曾经，他们谈起了以前的公司。

工作还是很悠闲，只是福利缩水得厉害，而且现在什么买卖都接，已经跟高大上的外企毫不沾边。

牛排端上来，经理将自己省下的半份黑胡椒汁倒在沈如的盘子里。沈如愣了一下。“口味改了？”经理江sir问。

“早改了，辣吃多了影响音色。”沈如心底涌过一丝温暖，正思忖如何开口感谢，竟然也被经理捕捉到了。

“千万别说感谢我的话，我给的只是建议，你把它实施得很完美，所以，功劳还是你自己的。”

也许，在别人眼中，沈如是个颇有心计的姑娘。

经理江sir却知道，这个女孩与其他年轻人唯一的区别不过是，欲望强，勇气足。欲望是一个磁场，不需捆，不必绑，就能推着沈如这样的年轻人前行。

蜕变的艰难并不可怕，可怕的是，你没有渐变的行动力。

你只需做你喜欢的事，如果把你喜欢的事做到了最好，成功自然会找到你。

不忘初心，方得始终

有人说：“四月真是个残忍的季节，荒地里埋葬了逝去的灵魂。”

我想说，四月招你惹你了，低情商真闹人。

情商低的人往往想事情比别人复杂，遇到一点悲伤，他就可以断定人生就是一骗子，用一块糖的甜诱使你吞下无穷的苦。

其实，认真过好每一天才是最聪明的，简单点才能得到想要的，梦想更是如此。

风和日丽，冯子进一身清爽地踩着一辆黄白相间的单车穿梭在清源路，纯白的运动T恤，深蓝色的短裤，瘦瘦的肩膀上斜挎一只黑色的包，包里装着一个漂亮的礼盒。他的任务，就是从一个人手中接过各式快递，然后再免费送到另一个人手中。

这样的场景总是很容易让人想起《十七岁的单车》。电影里，小小的少年郭连贵开始北漂的第一份工作——快递员，他骑着单车快乐地穿梭在北京的大街小巷。

镜头里，少年是低欲求的，简单的快乐很轻易就感染了看电影的人。

冯子进此时也在做郭连贵做过的事。唯一的不同，那就是他不是专业快递小哥，他的正职是杂志社的编辑。

2010年，灵感短路，被主编频繁退稿的冯子进在同城网上发了一份“免费快递”的帖子。他觉得生命漫长起来太不要脸，如果凡事都被高大全挤占，岂不是就特别没劲了。

帖子在网络上受到热捧，也仅限于网络，实际上大家都觉得这样的事情太匪夷所思，纷纷持冷眼旁观状。

尽管大众对冯子进的周末免费快递议论纷纷，却仍有勇敢的小伙伴迎着质疑找上他。

这第一份任务，他先骑了二十分钟的单车到达寄件人所在的大学。然后，用了四十分钟找到收件人——另一所高校的大二女生。

间隔五天之久，冯子进接到了第二个任务留言：可以帮我送件衣服吗？

冯子进在周末按照留言里的地址寻去，见到了一位拎着衣服的年迈老人，老人很瘦，背已经微驼，银丝满头，笑容腼腆。她身边还站着一名少年，瘦瘦的身子缩在肥大的校服中，看上去十四五岁的年纪，就是他在网上给冯子进留言的。

一老一小和一件衣服的背后到底有怎样的故事，想想就好奇，但是冯子进什么都没有问，他拿上收件人的地址就走了。车程似乎有点远，冯子进已经记不得是一小时还是八十分钟抵达的，他绕了四条街和五条路，终于在一个高档小区门口停了下来。

冯子进电话打过去，很快下来一名中年男子，他迟疑地接过衣服，困惑地挠了挠头。冯子进便解释说这是一位老人和孩子委托他送过来的。

男人怔怔地站在原地，被孙悟空定了真身一样。

他对冯子进说：“请等一等。”

然后，匆匆上楼。

片刻之后，男人抱着一个粉嫩的婴儿走下来。

“能不能借你的手机给孩子拍几张照片，麻烦你在回去的时候给老人看一看。”他恳求道。

男人的要求让冯子进发懵，他回去的路跟老人的住处并不在同一个方向。只是，他隐约明白这是一个复杂的家庭，老人应该是很想见一见这个粉嫩的宝宝吧。

冯子进没有拒绝男人的请求，给熟睡中的孩子拍了几张照片后，又原路返回了。

循着来时的路，冯子进在巷口一群玩耍的孩子里发现了男孩，他跟孩子说明来意，然后跟着他去了家里。

老人看着照片，干枯的双手一直恋恋不舍地抚摸着屏幕，她的眼眶里蓄着泪水。冯子进给照片建了相册存进了网络里，然后给了男孩网址，这样老人以后想看照片的时候就可以随时看了。

事后，冯子进准备回家，老人却紧紧握着他的手，非要留他吃饭。一顿简单朴素的晚餐，冯子进吃得温暖又窝心。

夜深人静，星星、月亮、台灯、厨房和狗狗都睡去后，冯子进窝在沙发里想了很多。在此之前，他只是单纯地想在周末骑单车锻炼身体的同时，顺便帮帮别人而已。现在，他突然发觉了这项行动的意义。在迷失人生的黑夜里，它或许能成为夜空中最亮的那颗星。因为人人都会有陷入困境的时候，但我们要相信爱和温柔。

在此之前，他一直都在思考：

怎样的生活才是好生活？

你对自己的人生有怎样的期待？

你要成为怎样的人？

时至今日，你做过哪些傲娇的事？

……

类似的问题还有很多。那么，到底怎样才算好的生活呢？说到底，只有四个字：不忘初心。

你喜欢什么，爱听哪类音乐，爱看哪型电影，爱看哪种图书，爱穿哪款衣服，爱交什么样的朋友……是这样秉持初心的选择，一点点组成了我们的人生。尽管世俗的价值观下，生活总是被商业化，我们坚持的最初所想，往往变成各种拿腔拿调。高压的生存模式让你压缩了对生活的诸多兴趣，忽略了亲人的情感需要，甚至忽略了自己的情感需要……你到底是在赶路，还是在生活呢？

《三傻大闹宝莱坞》里的兰彻很贪玩，却能在考试中稳坐第一的宝座，他说："你只需做你喜欢的事，如果把你喜欢的事做到了最好，成功自然会找到你。"

真的就是这样。

冯子进的女友是个手工控，从小就发自肺腑地喜爱手工活。如今即使已过而立之年，身体逐渐发胖亦未忘初衷，每天繁重的工作后也始终不忘手工作品的缝制进度。

她的那群朋友时常吐槽她手工活的惨不忍睹，她却淡定无比：“这就是我的风格，你们懂吗？草间弥生的圆点艺术就是经典，李欣频的创意格局就是风格，我的手工活就要遭到鄙视？反正我就是喜欢！而且我的男人都对我这手艺没意见，你们这些闲杂人等还是该干吗干吗去吧。”

是的，反正我喜欢。当我等闲杂人士还在自以为是地做着我们以为价值满满的工作的时候，她在自信与自我坚持中已经收获了大量粉丝，且开始欢乐地筹备人生第一本手工书的出版。

毋庸置疑，坚持最初所想，已经是这个时代不能抵挡的潮流。

林清玄说：“我愿学习白瓷盘，收敛自己的美来衬托一切放在盘上的颜色，并在这些颜色过后再恢复自己的洁白。就好像生命的历程里，一切生活经验都使它趋向美好，但不沉溺这种美好。我要学习一种介于精致与朴素的风格，虽精致而不离开生活，不要住在有玻璃框的房子里；虽朴素但使自己无瑕，使摆放的地方都焕发光辉。我要学习一种光耀包容的态度，来承受喜乐或痛苦的撞击，使最平凡的东西，一放在白瓷盘上，都成为宝贵的珍品。”

流光年华，愿，这样的简单和爱，一直都在。

PART 3

感谢现在拼命的自己

当你得到的越多，索求也越多的时候，只有保持一份自知，不为名利所累，不活在别人眼里，才能活在自己心里。

去吧，去寻找“真我”

日本曾经掀起过一阵“寻找真我”的热潮。所谓“真我”就是出离生死和烦恼，让心灵达到自由自在的一种状态。为了寻找“真我”，很多人或徒步旅行，或辗转各个国家。大家都怀抱强烈的念想期待在世界的某一个角落寻找到“真我”，可是，现实偏偏并不能遂人所愿。

我们每个人都有自己的闪光点，这独特的优势并不是停泊在某个角落，而是一直潜藏在我们的内心深处。如果你正在寻找“真我”，或者觉得自己被湮没在人海茫茫中，那是因为你内心聚集的负能量把你真正的闪光点遮挡了。

每个人都会有身处逆境的时候。职场不顺，学业失败，爱情遇到挫折……每天都能有太多太多让我们沮丧的事。挫折并不可怕，可怕的是我们常常会被如影随形的沮丧感所牵引。一旦这样的负能量占据上风，人的理智就会被蒙蔽。

她从小就是一个很普通的孩子，容貌谈不上清秀，也不动人，个头不高，仅仅只到同龄人的肩部。

她的学习成绩不怎么好，没有朋友，每天都孤单一人，感觉很孤独。她觉得自己就像百花丛中的一株杂草，悄悄地生根，悄悄地发芽，即使枯萎，也不会被发现。

后来她长大了，这种自爱自怜的悲观情绪依然伴随着她。由于不善于交际，她连找个一般的工作都成了难题。她到酒店去应聘，因为形象不好而被拒绝；她去广告公司应聘，因为思维不够灵活也被拒绝了；她甚至跑到超市去应聘营业员，但也因为不善言辞遭到嫌弃。

其实，小时候的她也是有斑斓多彩的梦想的。像其他女孩子一样，希望将来当演员，做模特，走在高高的舞台上，接受观众的喝彩和掌声。

可是现在，自己这个样子，梦想怎么能实现呢？每每想到此，她都会忍不住哭泣起来。

看到她哭得那么伤心，母亲关心地问："孩子，你怎么了？"

她把心中的委屈向母亲说了，并冲母亲大声嚷道："都是你把我生得这么平凡！既不漂亮，身材也不够好。"母亲没有说话，而是坐在她面前，静静地听着她不停抱怨。

终于，等她说完了，也哭够了，母亲平静地说："宝贝，你从小不就希望自己也能像花朵一样美丽吗？深谷里的兰花，很少能得到阳光雨露，也没有蜂鸣蝶飞，但它也能开出漂亮的花。为什么？因为它有一颗蓬勃自信的心，而你需要给自己找到一个花开的理由！良好的品质、渊博的知识、娴熟的技术……只有这样，人们才肯正视你，而这些都并不需要华丽的衣服和名贵的首饰。"

母亲的话令她震惊，以前她从未想过这些。

从此，她开始了焕然一新的人生旅程：她试着尽最大努力做好每件事，安心读书，细心观察生活，以自己独特的视角审视身边的每一次变化，坚持用文字记录生活中的美与丑。她每天都会与自己做个小小约定，不以"未来要怎样"的功利心去努力，而是和自己内心对话，告诉自己要做什么。重新开始的人生路，她每一步都走得很认真。

当你想成为那个你想要成为的人，你会发现你所拥有的力量有多强大，它能拓宽你人生的格局。

三十六岁那年，在《亚特兰大新闻报》担任记者的她，获得了普利策新闻奖，它是美国新闻界的最高荣誉。

同年，长篇小说《飘》问世，立即轰动世界，人们读了这部作品，都赞叹不已。她——玛格丽特·米契尔因此名扬全球，并在世界文坛上占了一席之地。

这部作品后来被改编成电影《乱世佳人》，在1939年第十二届奥斯卡奖中一举夺得八项金像奖，轰动美国影坛，成为美国电影史上的银幕经典。

人生之路到处都布满了分岔口，而每一条小径的分岔都会通往一个既定的大方向。玛格丽特·米契尔如此坚定、毫不犹豫地一步步走向卓越，不是因为她有改变世界的野心，而是因为牢牢抓住了对自我的掌控权。

王小波说："很不幸的是，任何一种生活都能产生很多乱七八糟的细节，这使它变得蛮有趣的；而人就在这种有趣中沉沦下去，从根本上忘记了这种生活需要改进。平淡的生活里到处是密密麻麻的琐事，生活中的艰难，往往并不是摊在日光之下清晰所见的挫折和困难，而是一日三餐如温水煮青蛙一般没有行迹可寻的悄然变化。"

生活中，我们每天都面临着选择，吃什么食物，穿什么衣服，看什么电影……这些选择就像一个个小小的十字路口，每一项选择都相应有不同的结果。面对社会巨大的压力，我们每个人都难免会遇到各种困难和挫折，那么我们该做出怎样的选择呢？是选择积极乐观的一面，还是不战而退，在困难面前灰头土脸地悄悄溜走？选择，对于意志坚强、个性乐观的人来说，或许不会为此而烦恼；但对于那些谨小慎微、优柔寡断的人而言，实在是种折磨和考验。

我们生活的这个世界，总是有太多的诱惑。有的时候，我们必须分辨清楚，到底是生活圈住了我们，还是我们的思维束缚了自己。

当你得到的越多，索求也越多的时候，只有保持一份自知，不为名利所累，不活在别人眼里，才能活在自己心里。

不是要谁俯首称臣，也不是让谁肝脑涂地。最好的爱情，是我与你肩并肩，一起抵御这世间所有的苦难。

这些年，我们都忘了爱自己

这个世上总有两种女性，一种将日子过得鸡飞狗跳，一种在生活里玩得风生水起。对有些男人而言，前一种好比打嗝放屁，接地气儿；后一种或清纯或妩媚，你愿意竭尽全力为她服务，能郎情妾意却难以谈婚论嫁。

很多女人咬牙切齿，认为后者只是为了将普通女人的普通反衬得淋漓尽致而存在。其实这样想真是大错特错。

挚友小白既二又可爱，在母亲的泪眼婆娑和父亲的故作坚强里，为了跟随心爱的男人，义无反顾地从南方之南跑去了北方之北。

小白为爱远走他乡，用了六年的时光在那里展开新生活。

爱情褪去了最初的甜蜜和浪漫，男人在家乡如鱼得水，经营的小公司运转不错。小白呢，交友维艰，无以为伴，恰逢事业又不顺，生活的全部逐渐变成了围绕着一个男人和一堆琐事。

“宋洋，来试试我给你选的衬衫。”

“宋洋，我给你的手机配了新耳机。”

“宋洋，回来得刚好，我做了你最爱吃的梅菜扣肉，刚出锅。”

事业蒸蒸日上，宋洋多数的时间都花在了应酬上。

小白则竭尽全力为他服务，并在竭尽全力的过程中感到无比快乐。

然而生活最爱节奏感，每段波澜不惊的爱情都有必不可少的麻烦。

小白沉浸在只差一纸婚书的欢乐里不可自拔。但宋洋的情绪跟她明显不在一个频道上。

故事如同烂俗的家庭剧情节一样，青春张扬的女孩敲响了家门。

在女孩的娓娓道出中，小白像是恍然回到了她和宋洋的过去——种种殷勤和主动，出差回来准备贴心礼物，纪念日的惊喜晚餐和家务全揽……浪漫没有落幕，只是转嫁他人。

在她的倾述里，小白心灰意冷，带着比大雨还滂沱的愤怒和不甘思考了一晚，对宋洋说："公司有事，我出差一周。"

躲在酒店里的小白，打着自己的小算盘：我走了，没人伺候你，你就会知道我多好。

然而事与愿违。

小白所期待的事情并没有发生。宋洋没有因为她的离开就觉得活

不下去，也没有时间去追忆她的种种旧好，更没有上演一出失去后才后悔莫及的苦情戏码。他兴高采烈地奔新欢去了。爱情这种事，一旦男人的心里生出嫌弃，熨烫整洁的衣服、准备及时的晚餐和一成不变的温柔，全成了让他厌弃的多余。纵然旧爱情义千金，也难抵过新欢胸脯四两！

成为俗套肥皂剧“悲情女主角”的小白没有败北而归，也不曾终日在不甘和痛苦中往复，反而是我们这些局外闺密对贱男咬牙切齿，唯有苏珊对我们的讨伐不以为然。

发小苏珊是我们这群三八里的知性派，情史丰富，工作稳定，在担当情感顾问、职场专家等方面绝对是骨灰级。

“别怪天塌了，是你们自己站歪了。”她抚抚长发，慵懒地说着。

“谈恋爱这事就像玩跷跷板，极难达到两人同时悬空的理想平衡。常常玩着玩着，就玩成了一个高高在上，另一个俯首贴地。垫底的那个一定是爱得多的，因为你爱得太沉重，不知不觉就把对方捧到了天上。谈恋爱成了你一个人的战场，你看似姿态优雅，自以为优势尽在掌握，实际上却输得底朝天。你自己都不爱自己，怎样去期望别人来爱你？”

苏珊一语惊雷，我们这些爪牙又羞愧又伤自尊。

你随伺男人左右，满心期待哪天直奔民政局，现实却给了我们一记当头棒喝。男人的殷勤和主动是给女人最好的蜜糖，女人最大的悲剧在于，她们不知不觉对甜上瘾时，才发现糖衣下的苦涩。

爱情不是生意，再专业的精算师也无法计算出它的投资回报率。

爱情固然要有所付出，但不是要谁俯首称臣，也不是让谁肝脑涂地。最好的爱情，是我与你肩并肩，一起抵御这世间所有的苦难。

如果说女人的一生是一部书，那么小白的上半部是惨痛的悲剧，后半生则时来运转，成为我们圈子里神秘流传的逆袭励志剧。

失恋的小白很快进入杂志社成为一名服装编辑助理。在服装圈子待久了，小白时常在休息日动手设计一些自己很喜欢，但经济上无法负荷的衣服。

与朋友结伴逛街时，小白偶然与对方谈及自己想法的时候，突然发现，梦想其实很近。你首先需要踏出第一步，然后就有可能实现那个目标。

于是，小白用了三个月的时间，打版制衣。当这批衣服订上自己设计的领标的时候，小白对着它们傻笑了很久。

小白的私人定制越来越受追捧。尽管需要一次次反反复复地修改，小白却乐在其中。

一年后，小白给她的衣服们安排了生产线，成立了自己的服装公司。不仅如此，在这样的忙碌里，她居然工作、爱情两不误，忙里偷闲俘获真心一枚。

男人英俊多金，因为工作机会认识小白，被她工作中的认真劲击中，从此展开了热烈追求。

你看，生活里之所以有这么多女神存在，正是因为她们深谙“爱自己，得永生”之道。

这个世界，从不乏不期而遇的温暖，也不乏生生不息的怨念，过好自己的日子，才不枉来这世界一遭 。有的时候，过于执着地追求爱而不得的他，是否是对自己的不公平？

那么，这些年来，你是不是都忘了爱自己？

漫长的人生里，人人都会遇到很多的磨难，爱情这件事亦如此。每个女孩都有一段视爱情如呼吸，为爱情一再退让又偏偏遇人不淑的过往，但，这不是爱情唯一的模样。

过往不恋，未来才来

二十二岁那年，林蔷七还是很天真的，35摄氏度的大热天守在球场外，手里拿着季肖的水杯和毛巾，看他同一大帮男生打篮球。每当季肖投进一个漂亮的三分球，林蔷七总会跳起来欢呼一场。

球赛结束，季肖搂着林蔷七甜蜜地扬长而去。林荫小道，袭人花香，这对年轻的情侣潇洒回家。

季肖已经毕业，在校外租了房子，正式迈入上班族的行列。

入职之前，季肖邀了一堆同学去住处聚餐。

季肖在厨房里忙碌，锅碗瓢盆占满灶台。林蔷七在屋外陪大家一起说话，一杯一杯地倒水。

开席的时候，有调皮的队友起哄："季肖，每次下厨的都是你，什么时候也让我们尝尝你女朋友的手艺？"

一群人都会心地大笑。

林蔷七家境富裕，从不曾做过家务事，这些，众人皆知。

季肖接过林蔷七递来的饮料，搂着她的肩膀，笑着回应："我的女朋友，哪里需要下厨房，会倒饮料就行了。"

季肖在游戏公司做原画设计师，很少准时下班，常常回到家已经八九点。林蔷七看在眼里，经常电话催他去吃饭，他总是"嗯嗯"地

答应，随便吃些点心敷衍了事。

饥一餐饱一顿的生活，让季肖虚弱的胃闹起了革命。

季肖在医院住了十天，林蔷七总是变着花样给他做好吃的，粥、菜、汤水几乎没有重复。季肖笑着开玩笑："没想到我这一场病，竟然启动了你的厨艺天赋，真是病得其所啊。"

林蔷七也跟着笑，偷偷地把一双手藏在身后。

他不知道，她为此付出了多少努力。这些味道尚可的饭菜，是她手上无数细小的伤痕换来的。

季肖出院以后的第一餐是林蔷七精心准备的：素三丝、排骨冬瓜汤、油菜香菇、土豆丸子……最后一道菜端出来的时候，小小的客厅迅速弥漫着香味，盛在盘子里的谜底终于揭开，这是一道玫瑰腐乳肉。色泽浓郁、肉质鲜嫩、味道清甜，玫瑰的清香混着腐乳的鲜咸，对味蕾散发出致命的诱惑。季肖食指大动，大口吃着，不时赞美。

林蔷七反而未动筷子，就那么定定地看着季肖吃，眼里、心里都是满足。

后来，但凡季肖回家吃饭，林蔷七总会做这道玫瑰腐乳肉犒赏他。

十四个月后，季肖外派至广州分公司。

吃不惯员工餐厅过于甜腻的饭菜，季肖在外出觅食的菜馆里遇到了人事部助理周恬。两个年龄相仿的年轻男女，一开始只是因为相似的口味一起吃饭、散步，偶尔也相约去看一场电影。季肖也没想到自己怎么就沦陷在这些浅淡而平凡的小事里了。

周恬是地道的川妹子，性格泼辣，笑容直爽，如同她做出来的川菜，菜未出锅就先飘出一股霸道的辛辣味。

男人总是这样贪婪，久不见白玫瑰，红玫瑰就成了唯一。

五一长假，季肖回到武汉，吃着林蔷七精心烹饪的菜肴，竟然觉得无味。吃惯了口味霸道的川菜，季肖已然尝不出清香私房菜里的真心。

林蔷七静静地坐在对面，体会不到季肖的纠结，却感觉到了两人之间的鸿沟。

季肖再回到广州，便很少打电话给林蔷七。

每次林蔷七打电话过来，总是很乖地说“我很好，你不必担心”“咱们班的同学某某结婚了”“某某的宝宝要出生了”……聊尽了身边事，她总会柔柔地问一句：“季肖，你什么时候回来呢？”

季肖握着电话，无数次想跟林蔷七说分手，话到嘴边总是说不出口，只好清了清嗓子，说：“快了，快了。”

随着归期的渐近，季肖心底越发烦躁，时常在通话时不发一言。

三个月过后，季肖终于下定决心带着周恬回了武汉。推开租住的房子，客厅的小茶几上已经铺满了厚厚的尘。

他急忙拨打那个熟悉的手机号，只得到“您拨打的用户已关机”的语音提示。

他恍然想起，他与林蔷七，已经有两个月不曾联系了。

在季肖归期尚有一段日子的时候，林蔷七曾偷偷去过广州。

那天晚上，她在他楼下的大树下躲着，看他甜蜜地牵着另一个女生的手一起上楼，窗内透出温暖的橘色灯光，那一刻，她听到自己的心发出凄然的哭声。

她一言不发，以决绝的姿态转身离开。

回到武汉，林蔷七便搬离了他们租住的小屋。

她没有更换电话号码，她想听季肖亲口为他们这段感情画上句号。

只是，两个月的时间过去，她并未接到季肖的电话。

甩甩头，林蔷七离开了武汉。

换了新的城市，林蔷七放弃了安逸的工作，应聘了销售一职。顶着烈日一个一个客户地拜访，漂亮的羊皮靴深一脚浅一脚地踩在颠簸的路面上。有时候碰到负责人不在，她就着矿泉水啃面包一等就是一天。

一天下来，林蔷七早已精疲力竭。顺手买来的晚餐连吃的力气都没有，胡乱扒两口，便倒在床上睡了。

渐渐地，林蔷七向女强人的方向一路走去，仅用了八个月的时间便坐上了销售主管的位置。

又过了半年，林蔷七出差回武汉。

在吃饭的快餐厅，林蔷七听到背后有人喊她的名字。

林蔷七转过头来看，竟然是季肖。

简单寒暄后，他们在咖啡店小坐。

季肖看着她，内疚不堪，终于忍不住开口：“蔷七，当年的事，对不起。”

林蔷七原以为自己会泪流不止，只是这一刻，她却出奇的平静。这些伤心伤肺的往事，她是真的放下了。

漫长的人生里，人人都会遇到很多的磨难，爱情这件事亦如此。每个女孩都有一段视爱情如呼吸，为爱情一再退让又偏偏遇人不淑的过往，但，这不是爱情唯一的模样。

感情这东西，无论你对恋过的人有多失望，你都没有理由对爱情这件事失望。因为爱情本身就是生命的一种希望，它滋养你的心魄，修复你的伤痕，温暖你的身体，维持你的风骨。

伤痕抚平，过往不恋，未来才来。

他们同在一座城市，都在寻觅对方，总会遇见。最重要的是，在这样一场缓慢而艰难的爱情里，谁都没有辜负对方，也未辜负自己。

时光里的爱情，从未被辜负

那天早晨，当患有哮喘的父亲佝偻着身体，拎着工具箱出门觅活之后，继母抱着小妹妹坐到了宜芝面前，剥了一个鸡蛋，拿出了两百元钱，递给她：“宜芝啊，你爸爸身体不好，还天天出去打短工，妹妹还小……”宜芝沉默。两岁的小妹妹看到姐姐手里的鸡蛋要来抓，被继母一把拉过去：“吃，吃，你就知道吃，赔钱货，指望不上你……”

宜芝把小妹妹抱在怀里，尽量平静地说：“我早跟晓玲她们说好要去打工。”继母急忙递过来行李：“你看看，还需要什么。”宜芝接过小小的包袱，轻轻放下小妹妹，低头离开。继母似乎有些不忍：“宜芝……常来电话。”十六岁的宜芝点点头，亲了亲小妹妹，走出了家门，从此再也没有回来过。

初中毕业的宜芝来到了这座不大不小的海滨城市，在同乡晓玲的引荐下，做起了售楼小姐。正是楼市如火如荼的时候，以她的勤奋刻苦，她其实赚了不少，但从来不敢乱花一分钱。家里日常花费需要钱，小妹妹要上幼儿园，父亲的病犯了……继母神机妙算，总能在她拿到佣金、结工资的时候打来电话。宜芝无法拒绝，因为，至少继母是一心为小妹妹、为父亲好。同时，宜芝还有一个小小的梦想，她把梦想贴在宿舍里的蚊帐上。

这天是周末，看房者络绎不绝。当送完最后一拨客人时，早已过了午饭时间，其他同事已相约去楼下餐厅吃饭。宜芝照例拿出饭盒到茶水间，放微波炉里热了热。可那台老式的微波炉，在闪了一下灯后，罢工了。宜芝叹口气，默默地端出了冷饭。晓玲走过来，一把夺过冷饭盒，嚷道："你不要命了？天天吃这样的冷饭。小麦不够意思，本来约好了一起吃饭，结果跟人跑了，你陪我去新开的鱼丸店试试吧。"说罢，就不由分说地拉她起来。

宜芝明白，隔三岔五，晓玲总要被人"放鸽子"，总要"求"她帮自己消灭多出来的那份午餐。这是晓玲能对她做出的最大的体恤与帮助，太过于推辞，反而伤了那样一颗善良的心。

鱼丸店就在不远处，因为新开，所以生意不错。晓玲絮絮叨叨地说，以前这是家开快餐店的，坑死人的贵，希望鱼丸店老板能厚道一点。当鱼丸端上来时，晓玲几乎是欢呼了一声。浓香扑鼻，汤色奶白，浑圆嫩白的鱼丸漂浮在上面，翠绿的葱花点缀其间，光看看闻闻，就足够赏心悦目。端鱼丸上来的老板，竟意外地清俊爽朗。晓玲眨眨眼，低声说："不去拍韩剧，可惜了。"

老板与店员只有他一人，忙得脚不沾地。收钱时，还不忘塞过来一张名片："叫我小志就行，鱼丸也外送，请多关照。"就他说这几句话的工夫，有一对等得不耐烦的小情侣商议着要离开。宜芝走上去，拦了下来，说："抱歉，请问二位要几份？要胡椒、葱吗？"得到回答后，扭头冲小志喊："老板，鱼丸两份。"小志回过神，急忙从厨房端出两碗鱼丸送过去。

那天中午，宜芝没有随晓玲离开，直到快上班时，她才匆匆告辞。临走前，她问小志："你需要我这样的伙计吗？"她身穿售楼制服，与嘈杂的鱼丸店实在有点格格不入。小志上下打量她，挠挠头，说："我这里是小本生意，工资不会很高，很累的。"宜芝很快回答："我不怕吃苦。"

当她把要去鱼丸店兼职的消息告诉晓玲时，晓玲瞪大了眼睛，而后了然："当然，跟鱼丸王子一起也挺好。"宜芝摇摇头，她能告诉晓玲，去鱼丸店打工，至少不用为一日两餐发愁吗？

第二天是周末，小志看到了另一个宜芝，穿着简单的碎花连衣裙，柔顺的头发随意地绾起，利落地在厨房里穿梭。经过她一番打理，厨房有序、洁净了很多。小志看着她娟秀的侧影发呆，想，这样年轻又美好的女子，只要稍微肯牺牲，丰衣足食甚至锦衣玉食都不难办到。

这样疑惑的表情，宜芝看得太多了，以前她从不解释，这次，她轻轻地对他说："我从不奢望自己付不起代价的东西。"见她信任自己，小志心中涌出一种暖暖的感动。他说："晚上，我要去夜市卖鱼丸，钱会多点，只是会很累。"宜芝简短地说："一起去吧。"

鱼丸店开始在这条街上小有名气。人们传说来了一位安静漂亮却不失精明的老板娘，也有人当着她的面叫"老板娘"，宜芝笑吟吟地走过去招呼，小志却在一旁傻笑。他试探地问："他们……这样叫，你不生气吧？"宜芝低头洗碗，头也不抬："有什么好生气的？大家不就是图个开心？"小志立刻明白，越是坦坦荡荡，就越是月白风清，她，对他，其实没有什么想法。

这天，小志外出时，吩咐过正低头看杂志的宜芝，锅里煮着鱼丸，要小心照看。可等到他回来时，一锅鱼丸全煮成了糊。宜芝非常尴尬，小志说："不如试试卖鱼粥。"等到宜芝忙时，他拿起了她手里的那本杂志，若有所思。渐渐明白，为什么她常常在某些商店的橱窗外流连，以前以为她是小女儿心性，现在，他明白，或许，那就是宜芝心里另一块他看不到的天地。

十一假期前一天，小志准备了许多鱼丸。在把许多白胖整齐的鱼丸放进冰柜里时，他很兴奋："说不定还不够卖。"随着现在的旅游热，一到大假期间，人们便蜂拥而至，而这些地方特色小吃尤其受推崇。

宜芝丝毫没有小志的兴奋，只勉强扯了扯嘴角。她来了例假，身体里如同有钝刀般在一阵阵地切割。她原本是打算请假的，可当她看到堆成山的鱼丸，还有小志满脸的期待时，就话到嘴边，又生生咽了下去。

第二天，果然如同小志预料的那样，人们排着队买鱼丸，摆各种造型，各种手机、相机闪个不停，甚至鱼丸店老板小志也被抓去当了几次道具。宜芝在店里忙碌，从早到晚，身体冰冷，腹部绞痛，脚步沉重如同戴了脚镣。昨天准备的鱼丸已经卖完，小志开了机器，准备再做更多。

宜芝默默地看着，突然有种绝望感。终于，她走到他面前，轻轻说："我实在太累了。"说完，眼泪就不可抑止地流了出来。她永远记得这句话之后，小志的反应。他看了看她，下一秒，就对前面排着的"长龙"说："今天不卖了，欢迎明天再来。"

他们很快地攒了一笔钱，小志拿出其中的一部分重新装修扩大了店面，然后把剩下的部分给了宜芝，并且告诉她，他不打算做夜市了，太累。宜芝什么都没说，拿着那笔钱，报了一个夜校的服装设计班。对，这就是宜芝贴在蚊帐上、藏在心里的梦想——做一个服装设计师，再远一点，有自己的品牌。

这天晚上，夜校下课已经很晚。宜芝座位旁边的男生，对她有明显好感，然而宜芝极不喜欢对方眼里的轻浮与毫不掩饰的欲望。这位家里开着服装厂的二世祖坚持送她回家，宜芝再三说自己有男友，对方还是不依不饶。纠缠不休之际，小志出现了，推着他的小车，系着白色围裙。小志冲上来，一把拨开他拉住宜芝胳膊的手，然后两人就扭打在一起。接着，二世祖的两位朋友也加入混战，小志明显落了下风，连他的鱼丸车也未能幸免于难。幸亏，老师出现了，喝止了他们。

宜芝想要报警，老师拦住了她，暗示他们私了，她可以替他们要一个理想价钱。宜芝的冷笑已经挂在嘴边，可小志却摇摇晃晃地站了起来："好，我同意私了。"

小志衣衫零乱，眼角与嘴角都被打裂，脸上、身上处处有瘀血，一条腿明显地肿了起来。而且，他怎么可以向他们低头？怎么可以接受私了？宜芝还想说话，小志看着她，低声说："宜芝，我们需要钱。"

宜芝在老师复杂的眼神下，搀扶着小志离开。小志口袋里揣着三万块，是他们的赔偿。夜风吹过，宜芝心里曾经对小志泛起的那一簇微小的火花，转眼就熄灭，成了灰烬。

她扶着小志躺下以后，并没有离去，而是在暗夜里，褪去了自己的衣裙，让自己冰冷的肌肤，贴着他的背脊。她明显地感到他身体的僵硬，然后，他缓缓地转过身，捧着宜芝的脸，轻轻地说："别这样对自己，我不需要。你应该有更高的天空。"然后，他起身离去，轻轻地关上了门。

就在宜芝穿好衣服，打算走时，小志却已经返回，并且带着卤菜与啤酒。他执意要宜芝陪他上天台喝酒。多年以后，宜芝还清晰地记得，那晚的星星，真的很亮，而在那些闪烁的星光里，小志的眼神也异样地清亮。很久以后，经历了世事的宜芝才明白，那样的眼神叫留恋，也叫绝望。

当宜芝醒来时，她正躺在小志的床上，阳光已经从窗外穿透了进来，却不见了小志的身影。在她枕头边，放着一个古旧的小铁匣子，里面整整齐齐地放着一沓现金，正是昨晚小志带回来的。现金下面，是一张存折，是一笔不小的数目。

宜芝急忙赶到鱼丸店，店里却是一个陌生的中年男人。他告诉宜芝，两个月前，他就盘下了这家店。那刚好是宜芝报了夜校的时间。

宜芝突然领悟，小志早就知晓了她的梦想，早就知道他们的结局。也许，他早就在准备迎接这一天，甚至为了避免她的为难，选择了不告而别。喜欢上一个人不难，仅仅一秒就可以，难的是明知道要分离，明知道结局，还愿意为对方倾尽所有。

宜芝握住那个小小的铁匣子，她被那明媚得几乎有些耀眼的阳光刺痛了眼睛，她想到了小志为了三万元和对方私了的时候，她对他的轻视，以及她甚至想用身体来了断他对她的恩惠。他们之间，卑微的那个，其实是她。

用小志留下的钱，宜芝进入了正式的服装设计学校。她在设计方面的惊人天赋，很快展现出来。两年后，被学校送往巴黎进修。一次，去韩国参加国际服装周，看见首尔的街头也有鱼丸卖。那晚，宜芝失眠了，她突然意识到，她人生里最平静快乐的时光，居然是跟一家小小的鱼丸店联系在一起。

宜芝拒绝了法国一家知名服装公司的挽留，拒绝了一位法国男人的投资，同时也拒绝了他的求婚戒指。她终于回到了曾经与小志同呼吸过的城市与街道。

城市正在改造，鱼丸店在侥幸逃过了几次拆除后，这一次再也难逃劫数。拆除的那天早晨，宜芝去了，看到了鱼丸店变成一堆废墟。她想，如果没有当初这家鱼丸店，也许不会有她的今天。可是，那个成就她人生的男子，却默默地消失在她生命里。

她不知道，此刻，在这条街的转角处，一家新开的鱼丸店，正在挂牌，而名字就叫“宜芝鱼丸店”。据说，年轻的老板虽然腿略有残疾，却已经开了好几家连锁酒楼，资产过千万。可谁也不清楚，老板为什么要在这里开一家小小的鱼丸店，还取了这样一个奇怪的名字。

他们同在一座城市，都在寻觅对方，总会遇见。最重要的是，在这样一场缓慢而艰难的爱情里，谁都没有辜负对方，也未辜负自己。

世界在快速地更新换代，每个人在通往未来的路上策马而行，唯有你慢步徐行。这样下去，你不仅会被同龄人远远地甩到身后，还会被更多的后来者轻易超越。

你有任性的能耐，就有坚强的本事

阳光下，总会冒出一些热气腾腾的正能量。

我的正能量源泉是叶菲。

这妞在北京财大读金融学硕士，如今已经毕业，任职于北京某银行。

读研期间，她忙着金融学的正差，还堵着会计学的枪眼。

考过了CFA（特许金融分析师）的一级和二级也就罢了，偏偏还过了CPA（注册会计师）的五门科目，这样也就罢了，她考试的同时还从容地实习着，工作考证两不耽误。这样的勤奋真是让人恨得咬牙切齿。

毕业那年，就业形势严峻，优秀如叶菲也不能幸免。

家人托熟人，在家乡帮她争取了一份较好的offer，劝她回来，别强留在北京。

叶菲执意不肯，她的长相有江南女子特有的清丽柔弱，可是，在做出留下的决定时，她却坚定得像个侠女。

叶菲说："我是非留在北京不可，这座城市带来的充盈感，让我舍不得离开。"

离开学校，我像个逃兵一样拖着行李东走西顾，最终入驻昌平区沙河小镇。工作的事依旧不见起色，我成了这座城市地图上不停转悠的蚂蚁。

未来看上去像一条幽深而曲折的长廊，而长廊尽头的那扇门是敞开还是紧闭，我不得而知。

妈妈打电话来，言简意赅，目的也是劝我回家。

她说："没有安定，哪有未来？"

工作难找，居大不易。

我在无法养活自己的彷徨里，寝食难安。

两周后，我决定回家，我不知道这样的决定算不算当机立断，日日渐瘪的钱包容不得我思考得更长久。

叶菲一天赶了三场面试，我准备晚上跟她道别。

我说："我妈说了，没安定就没未来。"

叶菲听了，抬头看着我，问："可是，真正安定了，还有心去拼一个未来吗？"

我无言以对。

看着她离去的背影，我心里有种说不清的失落。

在离开之前，我决定再逛一逛北京城。故宫人太多，颐和园太远，最后，我去了圆明园。

我怔怔地看着不远处的庞大土堆，心想这个曾经最奢华的园林已然败落。

《恋爱地图》里，男主角说：“想当棒球选手就选择纽约，想当足球选手就该选择马德里，想做好电影就该选择好莱坞，想玩摇滚乐就该选择伦敦，要想成为漫画家就该选择东京。”

如果想独立，那该选择哪里呢？

毋庸置疑，那就该选择北京。

叶非不能接受年纪轻轻就过上一眼看到老的生活，我则安慰自己：生活在别处。

回家，我听从父母的意见，参加了乡镇公务员的考试。

然后，以笔试第一名的成绩获得了面试的机会。

坐在拥挤的中巴车上去面试，我收到了自己CPA考试通过的消息。

命运显然习惯了这样的捉弄，如果通知能早那么一点点，如果我能再坚持得久一点……生活没有那么多如果，没有如果的我最终成了一名大学生村官。

我开始习惯“悠然见南山”的田园生活。

叶非则去了一家不景气的金融机构做柜员。每天从事着底层的烦琐工作，让人咋舌的物价逼着她大步向前。

叶非常常加班到深夜，业绩终于有所长进。

万家灯火，她走在夜色中的北京，筋疲力尽又觉得浑身热血。

我听得两眼放光，羡慕中不免有一些遗憾。

时隔一年，安于现状的我随领导出差北京，约叶非一聚。

她开着车，载着我去东来顺吃火锅。

岁末临近，工作压得人透不过气来，叶菲这个交易部主管好不容易腾出一天来休息。

吃了饭，叶菲约我去shopping，我们并肩走在王府井大街上，她的电话一个接一个跟来。

每一个电话，叶菲都从容不迫地回复："嗯，好的，我知道了。"

放下电话，继续试她的衣服，长发飞扬，姿态优雅。

而我，早已经将头发绾起，看上去比实际上老了几岁。

岁月真是无情，当年，我们从同样的大学毕业，在同一间教室里听相同的课，写相同的作业，考相同的试，答相同的题。

然而，仅一年，我就被她远远地甩在后面。直至，尘土漫天，她的身影，我想追都追不上了。

这漫长距离的背后，不是知识的欠缺，而是自我挑战和迎难而上的勇气的欠缺。

如果，我当初留在北京，大概也能成为现在的另一个你吧。

我自以为聪明地逃离，不过是惰性使然。

分别的时候，我们在车里四目相对，我不敢肯定这样的懒惰会不会让我跌到，但，即使不会跌倒，也能预见提早落入生活的尘网。

年轻能承受冲动的代价，有任性的能耐，也有坚强的本事，却独独不能承受安于现状的麻木感。

世界在快速地更新换代，每个人在通往未来的路上策马而行，唯有你慢步徐行。这样下去，你不仅会被同龄人远远地甩到身后，还会被更多的后来者轻易超越。

那个时候，再明白，就太晚了。

现在就行动起来，来点新的改变，如何?

知足的前提是能够停得下脚步，以平常心来对待一切。只有知足，才能常乐。

用力过度才会没有幸福

有心理学家曾对动物园里的猩猩做过这么一项实验：他在一只猩猩的面前不断用粉笔画圆圈，半小时后，他画了一个未完成的圆借故离去，而那只猩猩却捡起粉笔，迫不及待地在缺口上涂抹起来。这是一个相当有趣的实验，但其中的道理却令人深思——对于未完成的事儿，无论是谁，总会本能地心有不甘。

仔细地回忆一下，在你的记忆中最深刻的那一段，是不是往往都是没有结局的那一幕？印象里最美的饰物，是不是总是没买下的那一件？

那么，当现实与梦想发生冲突，你会怎么做呢？

人人都有梦想，然而，梦想与现实之间总是存在着不可避免的差距。梦想越是绚烂，实现的过程所受的阻力就会越大。生活中，我们总是在不断希冀得到更多，然而，现实却很难堪地摆在我们面前——你可以支配的精力很有限。过多物质上的梦想，只会令自己徒增压力。那你有没有试着问过自己：如果没有这些物质，我会不会真的就不能活得快乐？

相信不少人见过渔民捕捉黄鳝的过程，捕捉所用的工具很简单，就是一个竹笼，看上去甚至有些简陋。竹笼的开口比较小，肚子比较大，越往下越深。渔民把诱饵放在竹笼里，黄鳝就会被诱饵的气味所吸引，钻进竹笼，然后被紧紧地夹住躯体。因为黄鳝的尾部很敏感，被抓住后，身体便会向前挣扎，越困难越向前挣扎，最终钻进了竹笼里再也出不来。

黄鳝就是这样被捕捉到的。

在这个过程中，黄鳝如果能够摆脱诱饵的诱惑，及时退后，那么它就不会置身险境，但是它却因为经不起诱惑，最终付出了自己的性命。

其实在面对梦想时，有些人的做法和黄鳝的行为无异。只看到梦想成功时的喜悦，而没有仔细考虑是否有实现的本钱。因此，在追逐梦想的道路上越走越远，也越走越艰辛，到后来怎么也找不到梦想的出口。

低欲求，能让人更容易变得满足。所以，我们为什么不试着退一步，给梦想一个出路？退，是智慧和勇气的象征，后退比前进更需要勇气。

尽管梦想有时是人生不可或缺的正能量，但事物都有两面性，当原先建立的平衡被破坏后，正能量就会转化为负能量。这与哲学思想中矛盾转化以及老子的思想相符合。

梦想有时会变为一种负担，让人活得更累。

很多人在追求梦想的过程中，过于渴望梦想实现的辉煌，或者害怕失去梦想，从而对梦想更加执着，而梦想和现实间的差距又让他喘不过气来，生活变得苦不堪言，就是因为没有后退的勇气。

安德鲁第一次学打高尔夫球的时候，教练只对他说了一句话：“永不发力。”

然而，对于初学高尔夫球的人来说，不发力是很难做到的。相反，安德鲁心里在想，不发力怎么会打远呢？因此，在打球过程中，他总是想着铆足劲儿去击球。然而，越是发力，球打得就越近。

安德鲁在这样的窘状里焦躁不安，甚至想负气放弃。

冷静下来，他想起教练的四字真言。

在重新练习的时候，试着“不发力”打球，结果竟比发力时还要远得多，渐渐地安德鲁摸索出一个道理，打高尔夫越想打得远，就越不能发力。

安德鲁打了几次沙坑球都没有成功。后来当球再次落入沙坑时，安德鲁发现了其中的规律，打球时也不再盲目击球，而是经过仔细观察，找到角度更好、距离更近的一条道路。于是，屏气凝神，只一次便成功地将球带出了沙坑，出了沙坑，球就沿着球道慢慢向前走。

正是打高尔夫球的经历让安德鲁明白了后退的重要性。在追逐事业和梦想遇到困难的时候，安德鲁就会想起打高尔夫时获得的感悟。

于丹说：“其实从物质上来说，我们是富有的，但是我们还幸福吗？香车宝马、豪宅大院、功名利禄……能够左右我们的东西太多了，现在我们的GDP上去了，但是焦虑感也随之升高。那是因为今天的人，总在奋斗的过程中说‘永无止尽’，殊不知，在个人生活里，有所‘止’的人才会获得幸福。知足的前提是能够停得下脚步，以平常心来对待一切。只有知足，才能常乐。”

人们总喜欢ON更胜于OFF。ON是开始，是欲望，是争取，而OFF却是ON的对立面。然而，生活不仅仅只是一次ON与OFF的切换，当“得到”被作为常态，我们总会忘记“得到”的可贵。没有OFF，就没有ON，适时“关掉”一些，你会更幸福。

一个人如果对人做事执着过度，他绝对不会太快乐。我们需要的是累了就静下心来，认真地思考下自己想要的到底是什么，什么样的生活对自己才是最有意义的。

好的生活真没那么贵

现实生活中，我们常常会有这样的发现：每一次当我们遇到棘手的事，如果我们用乐观的心态面对，事情往往会朝好的方面发展，而一旦我们感觉悲观失望，消极地面对未来，事情反而会越来越糟糕。

快乐作为积极的人体心理特质，是个体对本身有关的未来的总体期望，是一种豁达的生活态度。一个人保持着愉悦的状态，那么他身体内的各种器官都会以最佳状态运行。所以，在生活中多多发现积极美好的一面，你的心情自然就会好起来。

大学毕业，丽娜留在了北京。

初入职场，薪水微薄，丽娜和两个同龄的朋友住在一间七平方米的小屋内。狭小的空间最大限度地放满了双层床铺，两条腿平行走路都会显得拥挤万分，同宿的两个女生抱怨不断，愁眉不展，丽娜却笑呵呵的。

她觉得年轻就该吃点苦，她很庆幸能在毕业时找到一间可以安顿自己的地方，即使很拥挤，她也很满足。

时光荏苒，经过三年多的打拼，丽娜终于在郊区首付了一套小户型的商品房。

六层高的楼房，因为经济拮据，丽娜只能买下一楼。搬进去住才发现底层不安全，也不安静，外面尘土飞扬，每天窗台上都蒙着一层厚厚的灰尘。同事去串门，看着丽娜一副喜气洋洋的样子，好奇地问："丽娜，住这样的房子你也高兴？"

"那当然了。你不知道住一楼有多少妙处呢！进门就是家，每天不需要爬那么高的楼梯；空地上还可以种菜养花，哎呀，这些福利好得没法说。"

住进新房半年，顶楼的邻居在周末的休息时间敲响了丽娜的房门。

邻居同丽娜商量，请求她跟他们换一下房子。

因为邻居年迈的母亲突发疾病造成身体偏瘫，住在六楼，上下都很不方便。

丽娜为这样的孝心感动，没有任何犹豫就答应了对方的请求。

搬到最顶层，丽娜每天都要上下楼梯，尤其是夏天，爬到六楼常常汗流浃背，但这丝毫不影响她快乐的心情。

有朋友揶揄她："丽娜，住在顶层有啥好处啊？"

"好处多着呢，每天上楼下楼好几次，这是很好的锻炼身体的机会啊。还有，顶楼阳光充足，看书的时候不会伤眼，还能省下电费，多好。"

这样的故事并不那么惊天动地，不像微博里主流的新鲜事那样引人注目。但是，不要看轻这一点一滴的桥段，它能在琐碎的日常生活里让你保持一份良好的感觉，而这些，只有生性乐观的人才能做到。

生活中到处都有不尽如人意的地方：生活太平淡，工作不理想，同事不友好……每一刻都会遇到诸如此类的烦恼。在这样浮躁的时代，很多人为自己的欲望所驱使，为了利益疲于奔命，因此而无暇顾及身边的风景。殊不知，有时候苦苦追逐的名利也不过就是衣服上华丽而漂亮的吊牌，看上去赏心悦目，其实没有任何实质的意义。

《老男孩》里，人生已经行至大半的Vagn过着快乐的独身生活，身老心不老，年迈的他还一直保持着童年的爱好，定期去参加足球队的集训和比赛。

Vagn在球队去瑞典比赛的途中，很不幸地被遗弃在了加油站。

在这里，他遇到了另一位热血的老男孩，约翰。然后，两个人结伴踏上了寻找足球队之旅。

你看，好的生活都没有那么贵，只需保持一颗快乐的心。

快乐的心情不仅仅为身体带来健康，它本身也是幸福人生、事业成功的重要动力。乐观的人往往思维活跃，不会受到负面情绪的束缚，能全面发挥心理的潜能，合理化解生活的矛盾，巧妙地化解尴尬。乐观的人因为思想积极进取，站在悲观消极的对立面，所以，即使在灾难中也能找到希望。

快乐这股跳跃在我们心底的小火苗，很经典地诠释了“容颜可以衰老，心灵永远年轻”的生活真理。

只要你想，你的生活成本就不会太贵。

世界很壮阔，生活也不只是没完没了的堵车和没完没了的工作。

当然，生活里有适当的追求无可厚非，而倘若为此刻意去苛责自己，只会让自己的生活陷入困局。人生是一场漫长的旅程，没有谁可以面面俱到。事事追求完美，只会加速身心俱疲的状态。这也是很多优秀的人站的位置越高，反而压力越重的原因，因为他们太过痴迷于完美，为其所累，最终为其所苦。

一个人如果对人做事执着过度，他绝对不会太快乐。我们需要的是累了就静下心来，认真地思考下自己想要的到底是什么，什么样的生活对自己才是最有意义的。

在行动之前，先理清内心的想法，明确这样做是否会让自己变得更好。只有这样，才能活出潇洒、快乐且永不后悔的人生。

毕竟，命运没有明确标注你的人生该如何，如何生活始终是你自己抉择的，不是吗？

最美的邂逅，并不是早早遇到，就像最好的爱情，总是发生在出乎意料的时候。

一切都是最好的安排

齐琦做糕点师刚满一年。

她坐在电脑桌前，双手托着脸颊，看着网上众人追捧的爱情邮票，百无聊赖。

慵懒地伸了个懒腰，齐琦看到对面小区4楼与5楼之间，居然站着一个战战兢兢的男人，像一个壁虎死死地贴在外墙上，姿势实在不够优雅。

现在的男人都是“不耍帅就会死星人”，站在高处看风景，也不怕摔死。

齐琦不认同地撇撇嘴，看了一眼便决定找点其他事做。

恰在一瞬间，男人也看到了齐琦，扯着嗓子对她喊：“帮帮忙！”看到男人越来越惨白的脸，齐琦意识到，他这真不是耍酷的行为艺术。

可一个大男人跑那儿去干什么，不会是学艺不精的贼吧？

十分钟后，消防队来了，男人被人从梯子上接了下来，擦了擦满头汗，腿还止不住微微颤抖。从他断断续续的解释里，齐琦听了一个大概，原来他就住在对面楼上，忘记带钥匙，想从邻居的窗台上翻进去，结果，不仅没翻进去拿到钥匙，自己还不敢再折回去了。

齐琦给他递上一杯热茶，男人有点腼腆地解释：“我有恐高症。”接着，他掏出了名片给齐琦。她拿在手上仔细一看，娱乐策划人：魏子凯。

齐琦刚想问，娱乐策划人是干什么的，魏子凯的电话就惊天动地地响了起来，他对齐琦做了一个“感谢”的手势就匆匆离开了。

齐琦拿起手上的一个抹茶蛋糕狠狠咬了一口，转身百度了一下“娱乐策划人”，一看，不就是一个唯恐天下不乱的职业嘛。

如果不是魏子凯专门订了蛋糕，齐琦差不多已经把这个狼狈的男人忘了。

那天，齐琦将三个硕大的塔体蛋糕放在白色的长桌上，穿梭在衣香鬓影中寻找签单人。显然，在这样盛大的party中找一个人太难了。

齐琦准备拨打那个预约人的电话时，一个男人站到了她面前：“你好，美女。”

齐琦抬起头，愣了两分钟才迟疑地说：“魏子凯？”

眼前的男人，一身合体的休闲西服，眉目俊朗，神采奕奕，哪还有半点悬挂在窗户上的狼狈？魏子凯对她能记起自己很高兴，爽快地付了账。

魏子凯说：“你店里的老伙计听力实在不太好，我要的是玫瑰蛋糕，怎么送来的是草莓蛋糕？把你的电话留下，以后直接打给你吧。”

齐琦知道他在撒谎。

蛋糕店的每一张订单都有详细的登记，而且对每个打来的订购电话，店里都录了音，做蛋糕之前也会再次与登记记录核对。这样的严谨作风怎么可能出现玫瑰变草莓的低级错误？

齐琦没有揭穿他，甚至没告诉他，那个老伙计，是蛋糕店老板，当然，也是她爸爸。她顽皮地附和魏子凯：“嗯，是的，他听力确实不太好。”

齐琦配合地交出了自己的手机号码，心头冒出开心的小气泡，这个男人真是有点小可爱。

齐琦准备离开，魏子凯说：“我送你。”

坐在魏子凯的奥迪车里，齐琦指指酒店里三五成群的人问：“你就这么走了？”

“做我们这行，别人功成名就、灯火辉煌之时，就是我们全身而退之时。”

车里流淌着歌声，静水流年，又是一段光阴的故事，齐琦忍不住跟着哼唱：“有生之年，狭路相逢，终于不幸免……”

魏子凯惊讶地转过脸看着她：“不错呀，够专业水准了。”

齐琦抿着唇笑了笑，只是将头转向车窗外，专心地赏景。

三年前，她还是一家音乐学院的学生，她的歌声总能迎来满堂彩，一曲《流年》更是得到学院最严厉教授的认可。

只是，人生总有那么多猝不及防的意外，会改变最初梦想的方向。

学音乐的齐琦没能成为一名歌手，而是当了一名糕点师。

齐琦背后的故事，魏子凯不知道。

他只是好奇，这个漂亮女孩明明有一副别人求而不得的好歌喉，为什么不肯唱歌呢？

齐琦做糕点的技术并不出挑，这样的技术和她天籁一般的嗓音根本无法比较，她却乐此不疲。

魏子凯在成了蛋糕店的常客之后，成了齐琦试验新作品的小白鼠。

在小小的蛋糕店里，时常可以看到这样的场景：魏子凯坐在餐桌前支开笔记本写策划，齐琦突然兴致盎然地端出新的糕点，然后，魏子凯就愁眉苦脸地拿起一块往嘴里送。

时间匆匆流走，齐琦的蛋糕店新上架了地道的手工咖啡，魏子凯却不见了踪迹。

齐琦有些心烦意乱，习惯真是个可怕的东西。这些天她已经习惯了魏子凯在她眼前晃荡，如今，他一消失，她反而无所适从了。

魏子凯再一次出现在齐琦面前，已经过去了半个月。他有些憔悴，胡子拉碴的，他紧紧地握住齐琦的手说："齐琦，请你帮帮我。"

魏子凯负责的歌手有场个人演唱会，机会难得，偏偏歌手在这样关键的时刻重感冒了。

魏子凯打算让歌手在舞台上对口形，请求齐琦在幕后唱歌。

齐琦果断地摇头，转身去清理手中的咖啡壶。

魏子凯却突然握住了她的手，说："齐琦，求求你。"

齐琦看他一脸紧张，眼睛里有焦虑，有祈求，还有毫不掩饰的依赖，拒绝的话再也说不出口。她只好点点头，低声强调："仅此一次。"

魏子凯欣喜地保证："仅此一次。"

命运总是对狭路相逢的戏码情有独钟。

齐琦被魏子凯带到后台，见到了多年未见的白彦。她穿着华丽的礼服，浅蓝的裙摆摇曳生姿，精致的妆容难掩岁月的沧桑。白彦的脸上画了泪妆，眉头轻蹙，搭配拖地长裙，刚刚好。

这一场演出，唱的都是些耳熟能详的流行音乐，齐琦终于有惊无险地完成了替唱的使命。最后一曲终了，台下传来热烈的欢呼声。

魏子凯看着舞台上的白彦，眼神深邃而专注。齐琦的心在瞬间沉到谷底，魏子凯这样热烈的眼神，从不曾用在她身上。

演唱会结束，白彦如妖娆的蝴蝶亲昵地挽着魏子凯的手翩翩离开，经过齐琦身边的时候，视若无人。

十分钟后，魏子凯来电让齐琦自己打车回去，他和白彦有要事详谈。

齐琦落寞地回了家。

第二天，蛋糕店刚开门，齐琦就在电视上看到了魏子凯和白彦双双走入酒店的绯闻。

齐琦嘲讽地笑笑，果然天下乌鸦一般黑，自己还傻子一样心存希望。

四年前，齐琦在多家酒吧驻场，她拼命赚钱只为支持男友办音乐杂志的梦想。殊不知，她在外辛苦，他却和她最好的朋友白彦纠缠到了一起。

原以为可以相守到老的感情在生活的诱惑里戛然而止，这闪失背后隐藏的痛苦和心酸，岂是一场眼泪所能涵盖？

一旦痛入骨髓，人往往习惯将过失推诿到不相关的事上，借此躲避残酷的现实。

爱人和好友双双背叛，这么致命的打击击溃了齐琦，她茫然无措，蜷在沙发上发呆。醒过神以后，齐琦迅速辞了酒吧的驻唱，发誓不会再为谁唱歌。

那天之后，爱音乐、爱唱歌、爱大笑的齐琦就不见了。

四百公里之外的琉璃街“许愿树”蛋糕坊却多了一名沉默的糕点师。

当天下午，齐琦就飞去了云南，她打算在姨妈家长住一段时间。

魏子凯匆匆赶到蛋糕店的时候，只看到年迈的老伙计在店里忙碌。他追问齐琦的消息，对方没好气地说：“不知道。”

第一天如此，第二天依然，日复一日，在魏子凯去蛋糕店的第三十天，老人终于写给他一个地址。

小镇的生活慵懒而闲适，处处散发着烟火的味道。

齐琦坐在雨夜的咖啡店里沉默地吃着点心，这样的天气最适合和心爱的人一起分享，不必赶时间，点心慢慢吃，咖啡慢慢喝，但，她想要分享的那个人却不在身边。

齐琦很消沉，她明白自己缺少什么，也痛恨自己心存期待。

时间悄无声息，过去了一月。

齐琦保持着吃糕点的习惯，定点去姨妈家转角的一家咖啡店。每次，她都会想起魏子凯。她走的时候没有和他道别，她想她的不告而别对他来说也许并不紧要。

但，她却很想知道他过得好不好。

某个阳光明媚的午后，齐琦推门进去，准备点一道布朗尼方块，然后和这里道别。

走到靠窗的位置，她却发现了一张熟悉的笑脸。

他指了指对面的位置，示意她坐下。

然后，他说了三句话。

第一句是，对不起。

第二句是，我喜欢你。

第三句是，求你了，凑合一下，收了我吧。

齐琦静静地听完，想了一想，最后决定握住魏子凯递过来的手。哪怕这场爱情是一场梦，她也愿意在梦里与他同行。

甜蜜的恋人十指相握，魏子凯认真地对齐琦解释了那场误会。

齐琦与白彦意外碰面的那天，魏子凯待齐琦的亲密被精明的白彦尽收眼底。

登台之前，白彦以齐琦的过去为条件，请魏子凯捧红她。

于是，魏子凯带着白彦去了酒店，为她引荐了一位娱乐圈的大人物，也因此换得了齐琦不肯唱歌的秘密。

魏子凯知道了齐琦的故事，读懂了她对爱情的心灰意冷，也终于明白她为何总与人保持着淡淡的距离。所以，他要找到她，让她看到他的真心。

无挫折的爱情固然美好，但对于一个年轻的生命来说，倘若安稳来得太早，总不免变得死气沉沉。

最美的邂逅，并不是早早遇到，就像最好的爱情，总是发生在出乎意料的时候。

她和他，显然没有在最好的时间遇上，但那有什么关系？

只要他不放弃，她也愿意和他在一起，一切都是最好的安排。

有多苦，她就会离他有多远。

就算是空气，也有选择的自由

倪洋狠狠地闭上眼睛，不断地命令自己冷静、冷静，深呼吸、深呼吸。好一会儿，他睁开了眼，看着贺晓晓正端着一杯热气腾腾的咖啡，战战兢兢地看着他。他突然像被踩了尾巴的哈士奇，对着贺晓晓就是一阵山崩海啸的咆哮："贺晓晓，你是没脑子还是缺心眼？客户碰碰你的手，你至于马上跑到洗手间吗？"

贺晓晓像受气的小媳妇，一步步蹭到办公室门口，小声辩解说："他捏住我的手不放，湿漉漉的，好恶心。"倪洋认命地指指门，他不想再对贺晓晓多说一个字。

那则广告是倪洋哈巴狗一样跟在移动运营商王总后面，吃了N次饭，喝了N次酒，足足跟了一个月才拿到的。就快要大功告成待签合同时，老板让他这个金牌业务员带刚进公司的新手贺晓晓一起去。倪洋看贺晓晓的照片，清新动人，想也没想就答应了。连古人都知道红袖添香，他又怎么会拒绝送上门的美女？

果然是红颜祸水。贺晓晓一共见了王总两次，就搞砸了这笔单子。

第一次是在KTV里，王总想请她跳支舞。这种客户倪洋见多了，跳支舞又少不了一块肉。但贺晓晓脸拧得能滴出水，身体僵硬得像木乃伊。王总的眉头就一直没舒展过。

第二次，就是今天上午，刚谈到合同，王总就搭上贺晓晓的手，但她一个激灵立马甩开了王总的手，还不识好歹地跑到卫生间拼命洗手。

这边王总的脸色已经由红变白，再变灰。

下午刚回到办公室，倪洋就接到王总的电话。那笔二十万元的单子自然泡汤了。他这个金牌业务员第一次没完成目标，年终奖岌岌可危，这一切都拜贺晓晓所赐。

倪洋坚决不再带贺晓晓熟悉业务。

贺晓晓守在他办公室、茶水间，一脸谄媚地给他打扫卫生，端茶递水，免费给他冲咖啡。甚至在他忘记带手纸的时候，站在卫生间门口给他送上手纸，对他的白眼则自动忽略。

那天，倪洋在超市门口偶遇客户，于是就谈到续约的事情。贺晓晓端着一杯冰镇咖啡疯狂地冲过来，老远就冲倪洋喊："快，一人只能拿一杯，你先喝，我再拿。免费的，不喝白不喝。"就这一句话，让那位喝拿铁吃西餐，从米字国留学回来的海归派客户，冷冷地看了他们一眼，转身就走了。

无须多说，谁会放心把自己的钻石广告继续交给这样一家贪小便宜的公司？

倪洋狠狠地把咖啡扔在张着大嘴的青蛙垃圾桶里，对贺晓晓说："求求你，放过我吧。你大小姐想玩不要紧，我玩不起。"

说完，他上了一辆的士，像躲瘟疫一样把贺晓晓远远地甩在身后。车开了很远，他禁不住回头看，贺晓晓还站在阳光下，像一截发亮的木桩。一刹那，倪洋有些心软，可他到底还是没让司机停车。

那天下午，贺晓晓快到下班才回到公司，全身脏兮兮的，脸上还有哭过的痕迹。女同事七嘴八舌地问，才知道贺晓晓坐错了好几趟车，最后还是遇上从外面回来的设计师，顺便把她"捡"回来的。

对那些爱心过于泛滥的女同事的指责，倪洋平静得眼都不眨一下。他说，女士，这里不是托儿所。

贺晓晓眨巴眨巴眼睛，跑到了卫生间里，里面传出细细碎碎的哭声。倪洋去茶水间时，那些哭声像一根弦绊住了他的脚。他叹口气，把一整套营销学的书放在贺晓晓的办公室。那些都曾经是他的足迹，能不能看明白就看她的造化了。事实上，他是不太喜欢女孩出来拉业务。他愿意带贺晓晓纯粹是因为她的单纯，难听点就是无知，他说什么就是什么。

那天晚上，贺晓晓窝在床上看书看到很晚。那些书上，有细细密密的钢笔字，全是倪洋的注释。她才知道，自己学了几年的营销学原来都只是银样蜡枪头，纸上谈兵而已。

她对倪洋的那些怨气，全被书里那些笔记稀释了，甚至，她的心底还涌起了一种酸涩的柔软。她在猜想倪洋的最初，是不是比自己还狼狈。

一周以后，贺晓晓把书还给了倪洋，顺便还包了一包莲子芯给他，留了字条，让他泡茶喝，清热去火。再以后，她的书桌上又有了一套《顾客心理学》。还书时，贺晓晓附带上了一瓶男士防晒霜。

贺晓晓对这种地下工作似的礼尚往来，心里有点小小的窃喜。她在看书的时候格外仔细，希望里面能跳出一张字条，最好能是电影票。让她失望的是，直到她把书翻到烂熟，也没看到那些让她心跳的字条。她自己也觉得有点好笑，谁还用字条，那么老土？

倪洋可没空理会贺晓晓那点模糊暧昧的小心事。金融危机下，很多企业关门大吉，而他们这种小广告公司，在夹缝中苟延残喘，狼狈度日。他的客户在以惊人的速度流失，即使是没倒闭的那几家，要么把价格压了再压，要么直接减少了广告费用。倪洋没有办法保住旧地盘，就得不停地攻占新阵地。可一笔业务同时有无数家广告公司虎视眈眈地盯着，像一群守着羔羊的狼。他必须打起精神，把丢失的业务补回来，现在他铆足了劲，要跟全市最大的广告公司竞争。

对于贺晓晓的心事，从她第一天报到遇上他，突然脸红，说话结巴的时候，他就已经知道了。只是他告诉自己，这女孩太年轻，年轻到根本不知道自己要什么。眼前有棵青草就以为是茂盛的大树。总有一天，她发现青草只不过是青草时，自己会清醒过来。

“咖啡门”事件以后，贺晓晓再没当过倪洋的尾巴。她学会了与倪洋保持距离，和平相处。她的变化发生在某天。这天眼看快要下雨，倪洋还没回来，她焦急地透过玻璃窗往街道上看，想找到倪洋的身影。她看到了倪洋，不过是跟一个漂亮的女人一起，看样子他们相谈甚欢。回来后，她发现倪洋的眼神里有些掩饰不住的喜悦。贺晓晓的心沉了下去。原来如此。

倪洋刚进办公室就宣布：他见了服装公司的“皇太女”，这个月的订单没问题了。贺晓晓瞬间变得轻快的表情，被倪洋尽收眼底。回到办公室，他发现自己很难把注意力集中在那些曾经让他很振奋的数据上。他用笔在纸上无意识地乱画，仔细一看居然是贺晓晓的脸，干净无辜的眼神，吹到脸上的发丝，薄薄的嘴唇。

倪洋吓了一跳，他有些烦躁地把纸送进了碎纸机。随着“嚓嚓”的声音传来，他的头脑也冷静下来。

再遇到贺晓晓，他依然板着脸教训：“贺晓晓，你这种打扮，谁敢把合同交给你？你得学会精致。”

精致的结果是，贺晓晓咬着牙花了一百八十元盘了一个头发，再在美容师的三寸不烂之舌下，买了一堆化妆品。然后，又被倪洋忽悠着去了纤度专卖店。

站在镜子前，她不敢深呼吸，生怕一个呼吸，就把镜子里的俏佳人吹走了。她紧紧地盯着镜子，幸福的脸滚烫滚烫的。只是兴奋了片刻，她又把那些套装整齐地叠了回去。她撇撇嘴想，如果每件衣服的标价，小数点往前面移动一位，她还可以考虑。她不可能为了光鲜，站在公司楼顶上喝西北风。

倪洋却不管贺晓晓的难堪，潇洒地挥手，指点江山，“这件再配一条真丝围巾”，“那个胸针也包上”，“哦，还有那双高跟鞋也包上”。贺晓晓舔舔嘴唇，艰难地说：“呃，这个，我没那么多钱……”

贺晓晓话还没说完，倪洋已经掏出了信用卡递给导购小姐。贺晓晓面红耳赤地说：“我会给你钱的。”然后偷偷看倪洋，像偷了油的老鼠，紧张又快乐。

倪洋不敢看她的眼神。那种很纯粹的快乐，他负担不起。自从前女友被人挖了墙脚以后，他就不再相信单纯这种东西了。单纯的人、单纯的感情是世界上最容易被改变的东西，所谓单纯只是没经历过诱惑罢了，没有什么值得特别珍惜的。他倪洋要做的就是要挣很多钱，开自己的公司，然后甘心情愿地融入这个浮华的城市，或者说被城市吞噬。

贺晓晓是从一本《财富》杂志上看到那篇报道的。她仔细地剪下照片，请设计师放大后再做处理，最后打印出来。整整一个星期，她背着大包，一家一家地询问有谁见过照片上的老年女人。功夫不负有心人，蛛丝马迹让她一点点地找到。那天，她终于等到了老太婆去买灌汤包。她很兴奋地追过去，根本没看到那辆疾驰而来的三轮车。被撞得滚了好几圈的贺晓晓顾不得腿伤，一瘸一拐地追上了老太太。

老太太正是倪洋客户的妈妈。客户是个孝子，贺晓晓打算打出这张亲情牌。事实证明她成功了。当她把倪洋带到老太太面前时，慈祥的老太太乐呵呵地打量他们：“多好的一对儿。”他们谁都没有解释。倪洋在看到贺晓晓低下头替老太太削水果时，心里有瞬间的恍惚，也许与贺晓晓在一起，也不错。

这只是瞬间的念头，他很快把自己拉回现实。再看贺晓晓时，就波澜不惊。

倪洋去签合同的那天，她正好休假。听说倪洋喜欢吃火锅，她准备了很多菜，然后又换上了那套倪洋给她挑的裙子。她一遍遍地往楼下看，把手机铃声调成振动，又把振动调回最大铃声。

可是，她等了一上午，等到那些放在火锅边的菜都失了颜色，干了水分，还是没见到倪洋，也没接到他的任何消息。倒是公司老板冷冰冰地通知让她明天到人事部报到。

简直是晴天霹雳，贺晓晓惊呆了。

贺晓晓成了公司的众矢之的。曾经的同事都冷冷地看她，眼里装着无数冰冷的小箭。贺晓晓四处都没找到倪洋的身影，打电话也关机。

在老板办公室，贺晓晓第一次知道了有口难言的滋味。她冒着被撞伤的危险签下的客户，被倪洋带走了，带去了他与别人合伙的新公司。同时带走的还有贺晓晓联系的客户，而且他还带走了公司的报价。这些报价都是贺晓晓私下从设计师那里拿到交给他的。当时倪洋说，只是看看有没有可以淘汰的，没有盈利的业务。于是她相信了他，像一只盲从的羔羊，顺从了倪洋的一切。

第二天，贺晓晓照旧去上班。她开始早出晚归追客户，累得像撵山羊的猎狗，两个月穿坏了三双高跟鞋。对办公室里的冷嘲热讽一律充耳不闻，一门心思雄赳赳地拉单子跑业务。公司的业绩在第二个月，终于有了起色；在三个月后，业务量超过了从前倪洋在的时候。

贺晓晓端端正正地把客户名单交到老板办公室。胡子拉碴的老板甚至开始挽留她。贺晓晓笑笑摇摇头，当天就递交了辞职信。

这是她与老板的协议，她帮公司拉回业务，老板不再追究倪洋。

春风得意的倪洋当然不会知道，他带走了所有客户后，她需要没日没夜地去开辟新的客户。一个年轻女子所受的轻慢眼神，猥琐的咸猪手，喝酒喝到吐，她都一一遭遇过了。只因为她不能让他成为众矢之的的过街老鼠，所以她要把公司的业务撑下去。老板也答应了她，这将永远是一个秘密，虽然是公开的秘密，但猜测总比确认好得多。

倪洋每天下午都去贺晓晓曾经住的地方，带着鲜花与冰激凌，等了一个月。从开始的笃定自信到后来的沮丧失意。最后，他才醒悟，原来有种单纯是生命的氧气，离开了那团纯情的氧气，生活的一切不过是一团不堪的混沌。

其实，贺晓晓每天都能看到倪洋。她只是换了房间，每天从另一条街回家。她也渐渐明白，对于倪洋来说，她不过是他身边一团纯白无害的空气。然而，即使是空气也有选择的自由，就在他决定出卖贺晓晓开自己的公司的时候，他们就已经注定要错过。贺晓晓替他善后，只是想让自己能甘心地放下。有多苦，她就会离他有多远。

在人生的艰难旅途中，当偶遇到这样的痛苦和伤心时，何不敞开心扉，看破、放下、自在，体味人生真正的滋味？

以自己喜欢的方式过一生

下午四点十分，颜欢固执地让电话保持着嘟嘟的声音，电话拨过去很久没人接。

她能想象到电话那边的情景，快递员们会相互看着，推诿躲藏。谁让她住在老城区，又住在没电梯的老式单元楼的11楼呢。

过了好一会儿，终于有人接起电话，仿佛接得很急，颜欢听到了他忍耐的喘息声。颜欢停了停说："我的包裹准备好了，方便来取一下吗？"

声音很软很轻，像雪花轻柔地落在林志的心上。他呆了好一会儿，甚至忘记了要挂断电话。

这是林志第一天来快递公司上班，老员工们对他开玩笑，林志，你中头奖了。他看了看地址没说话，转身骑上单车，心里还在回味电话里那个柔软清甜的女声。

是怎样的女生会有这样引人遥想的声音？

半小时后，他摁响了门铃，过了好一会儿才有人开门，是一个脸色近乎苍白的女生。她忙把汗淋淋的林志让进屋里，递给他一杯刚冲开的菊花茶。一入口，林志就皱起了眉头，她笑了起来，对他解释说，这是家乡的野菊花，清热去暑效果很好。

笑声清脆而明净，林志似乎感觉到窗外的阳光也跟着微微抖动，他的心成了一只不规律的闹钟，跳得厉害。

白橡木的地板上堆满了纸盒子、海绵、报纸、封口胶，还有一些包装了一半的箱子。她低头解释："我手脚笨，怎么也弄不好。"

书桌上的电脑一直发出提示音的滴滴响声，有客户来了。颜欢的网店已经开了三年，已经是皇冠级的卖家了，生意不错，主要卖一些小女生喜欢的衣饰。

林志说："你忙吧，我帮你包装。"

林志用剪刀把盒子修剪得很整齐，眼神专注。颜欢有些发呆，可能因为热，也可能因为逆光，她清晰地看到他脸上的淡淡绒毛，感受到他身上那种清淡而绵长的森林气息，心里狠狠地震了一下。

从那以后，每天的四点四十分，颜欢的门铃就会准时响起，然后，她会递上一杯饮料给他，有时是菊花茶，有时是柠檬茶，有时是

绿豆汤。而他会把颜欢那些包装得乱七八糟的东西重新包装一遍。

阳光缠绕，头挨着头的两人，彼此的呼吸清晰可闻，只有一寸寸静谧甜美的光阴在他们周围浮动又悄然而逝。

熟悉的老买家们开始称赞颜欢，说她的包装做得很好，快递又及时。颜欢的人气越来越旺。

有一天下大雨。到了四点四十分，林志还没来。颜欢一次次到窗前眺望，都没有看到他的身影。四点五十五分，林志弓着身子终于出现在楼下，颜欢的心揪紧了。

原来，林志骑车太快，拐弯的时候摔破了膝盖。颜欢用碘酒轻轻擦拭他的伤口，抱怨他骑车不小心。林志傻傻地笑着，眉眼沾满了喜悦。他取出一个小纸箱，打开，里面赫然放着一小盆花。

淡紫色的花朵散落在深绿的叶子上，星星点点，顿时，整个房间弥漫着一种清冽的气息。颜欢知道这是迷迭香，能提神醒脑。

林志把迷迭香放到她的房间里，取一小撮剪下的嫩芽，开水泡两三分钟后，一杯香气四溢的迷迭花茶就放在颜欢面前了。她浅浅地喝一口，香气一直从唇齿间蔓延至心底。

林志走后，颜欢对着那盆迷迭香，偷偷地笑。这是那个沉默的男生羞涩的暗示。迷迭香象征爱情，代表着忠贞。

他每天来这里的十几分钟，就是她一天最期盼的时刻。她看到他的单车，远远地驶过来，风吹起他的白衬衫，像一把洁白的降落伞，稳稳地落在她的楼下。

后来，她发现了林志有些心不在焉，再三追问，他说，受金融危机影响，他们公司的快递量少了不少。

颜欢不知道怎么安慰他。开始联系在格子间的白领们，给林志介绍业务。颜欢多少有点尴尬，都是多年未联系的同学，幸好，他们都还记得她，记得这个从不上体育课，终日沉默的颜欢。

很快有了消息，在外企上班的姚晶，是办公室主任，爽快地敲定了他们部门的业务由林志来做。

姚晶与颜欢由此也热络起来。其实颜欢并不太适应这种热情，然而，姚晶帮了林志还介绍了不少业务给他，颜欢觉得自己没理由拒绝这样一个善意而开朗的女生。

剩下的日子，是颜欢最开心的时光。

网店生意很好，去各个市场淘货的时候，林志会陪她一起去，扛下她买的大包小包的衣饰。回来的路上，她会坐在他的单车后面，听他一遍遍唱《海角七号》。

有时候，姚晶也会来找颜欢，三人在一起时，姚晶与林志有说不完的话，抽象古典主义，巴洛克风格的繁复，都是她插不进去的话题。她常常在他们热切谈话时，偷偷地走开，落寞地抚摸那盆迷迭香。

没想到姚晶还是个擅长厨艺的女子。

她对着颜欢冰箱里的速冻食品惊呼，说："颜欢，你就这样过日子呀？"颜欢有些不快："我就这样过日子，不也过了十几年？"林志拉拉颜欢："姚晶是好意，你确实不太会照顾自己。"

颜欢就走进书房，听着他们两人讨论做什么饭菜，听着两人要去超市，然后听到门关上的声音。回来时，两人手里都拎满了菜，然后，姚晶就泡上一杯茶，把林志推到客厅里，说，"去陪颜欢吧，不然她该生气了。"

姚晶在颜欢很久不用的厨房里，娴熟地忙碌着，一片俗世生活的忙碌和热闹。这样的情景于颜欢是没有的。

那天的饭菜其实很可口，然而，颜欢只吃了很少。林志那天胃口很好，她的心却渐渐地空了。

姚晶说："林志喜欢你，你喜欢他吗？"

颜欢低下头，说：“他怎么会喜欢我？”然后，有些艰难地接着说，“他最多也是同情我。”

姚晶认真地说：“你如果不喜欢，我可追了呀。到时候你可别后悔。”

果然林志不再邀请她出去，当她暗示自己要去淘货时，他为难地说，最近很忙。然而那天颜欢却在街上，看到姚晶与他肩并肩地走在繁闹的街市上。她清楚地看到，姚晶挽着他的手臂，于是，她的心在瞬间就凋落了。

原来美好总是短暂，憧憬敌不过现实。

林志还是会在四点四十分来取快件，然后当他很自然地想帮她打包时，发现一切都准备好了，再不需要他动手。颜欢把快件交到他手里，没有要挽留他的意思，林志红着脸接过快件，转身离去。门在他身后猛然关上，砸得他的心一阵颤抖。

有一次姚晶来找颜欢，她拿了颜欢的手机反复欣赏，上卫生间后，仓惶跑出来告诉颜欢，手机掉到马桶里了。

颜欢呆了。她想起里面有林志发给她的所有短信，全是对她的牵挂与担忧。他说：颜欢，你应该去晒晒太阳；颜欢，今天天气会变；颜欢，你要注意用眼；颜欢，我今天发工资了，奖金多了好几百……颜欢虽然很少回他的短信，然而，她心里却是喜欢的，她喜欢他喊她的声音与神态，颜欢，颜欢。

现在什么都没有了。他们唯一的联系，也因此而断了。

姚晶说：“好了，别哭了，对不起，我买新的赔你。”

家里打电话催颜欢，她答应了，却迟迟不动身，每天下午四点就开始探出脑袋往楼下看，直到晚上。楼道里每个响起的声音，都会让她激动，接着就是失望。

一周后，颜欢去了另一个城市。那里有她的家人。她要在那里接受心脏手术。

颜欢刚出生就患有先天性心脏病，在六岁的时候又摔伤了一条腿。所以，她走路的时候总是一瘸一拐的。她不想待在家里，承受亲人悲悯的眼神，于是去了另一个城市。手术的成功率只有50%，她央求家人让她多看看这个世界。

颜欢是微笑着做手术的，因为她已经爱过了。

两年后，颜欢是个健康漂亮的姑娘了。手术后恢复得好，她的脸再不是从前的苍白。

她参加了姚晶的婚礼。在结婚的前夜，姚晶喝了一整瓶红酒，鼓足勇气才对她说："颜欢，林志一直爱你。你走后，他发疯般地找过你。我没有告诉他你的消息。

"其实，从见到林志的第一眼开始，我就喜欢上了他。我告诉他，先别说你瘸了一条腿，你还有先天性心脏病，很多钱也未必能治好。我以为他会躲开，没想到，他居然让我多介绍几份兼职给他，他要挣钱给你做手术。

"还记得被掉进马桶的手机吗？是因为，我看到他发的一条短信，说他已经不做快递员了，他去了他父亲的公司上班。这样，你就可以尽快地做手术了。"

"他父亲的公司？"颜欢问。

"是的，一个普通的快递员怎么能穿范思哲的衬衣，花花公子的休闲鞋，还喷雅顿的香水，用的那样恰到好处？我从一开始就怀疑他的身份，后来我终于打听到，那家物流公司不过是他父亲众多产业里的一家。可他拒绝了我。"姚晶笑着叹息，"他相信你们还会见面，留了地址给你。"

周末的早上，林志刚起床，门铃声就响起，他在卫生间，可门铃不屈不饶，他猜测是物业的人。结果开门的瞬间，就看见面前站着一个明丽的女子，眼里盛着泪水，嘴角轻扬。

象征着爱情与忠贞的迷迭花，在窗台上开得安静又美好。

所幸，一切都还来得及。然而，要多少的坚定，要多少的不肯忘却，不愿妥协，才有这样的刻骨铭心的现世安稳，岁月静好？

春有百花夏有月，秋有凉风冬有雪，若无闲事挂心头，便是人间好时节。不是每个人的每一个时段、每一年、每一天都能活得像自己想象的那样，人生有太多的无奈和不可得。在人生的艰难旅途中，当偶遇到这样的痛苦和伤心时，何不敞开心扉，看破、放下、自在，体味人生真正的滋味？或许，只有这样，才能获得转圜的机会，收获转角的爱情。

每个女人，都应该以自己喜欢的方式过完一生。

PART 4

踮起脚尖，就能离幸福更近一点

梦想这种果子，只有努力踮起脚尖才能有幸摘到。

只有踮起脚尖问，幸福才会回答

4月25日，我出差到上海，打算忙里偷闲跟朋友聚一聚。

大雨滂沱，在氤氲的水汽中，久未见面的Zoe从虹桥一家舞蹈机构款款走来，她刚给学生上完课。

疾驰而过的车辆高高溅起路旁的水花，雨夜的上海霓虹模糊，我想搭出租车而行，被Zoe固执地阻止。

从虹桥回到她花桥的住处，要先乘地铁再转公交，耗时很长。

我们坐上车，她却不着急找座位，反而一脸得意地告诉我："这样肌肉可以得到更好的舒缓，回去我还得再压半小时腿。"

下了车，几棵老树饮足了雨水，指着苍天傲娇不语，我们慢条斯理地走在颓废的旧街上。

"我还是更喜欢下雨天的北京，格外清新。"Zoe笑容灿烂地转过头。

"你随时可以回去啊。"我笑嘻嘻地接过话茬。

"没办法啊，虽然上海这座城市太现实，但我的梦想在这里却很容易实现。"Zoe补了这么一句，眼神添了几分笃定。

嗯，Zoe真是个执拗的女孩。

关于舞蹈的启蒙，是什么时候的事呢？

2004年的夏天，Zoe读初二。

那年暑假，她特地坐了四十分钟的车来到了滨湖镇，她站在镇上的爱书人音像店门口，将买来的歌碟小心翼翼地装好。

音像店里播放着台湾女生蔡依林的最新MTV，动感韵律中，她的指尖划出优美的弧度，头发与裙角因旋转而飞扬。

Zoe站在屏幕前，看得心潮澎湃。

她生活的小村没有音像店，买两张歌碟的二十元钱也是她足足攒了两个月的生活费。可是她不在乎，她在韵律十足的歌舞中，找到了梦想的颜色。

在外在的较量中，Zoe显然处于最下风。

相比穿着白纱裙连体裤，身在宽敞明亮的环境，身边有老师循循教导的少年宫女孩来说，Zoe连学习的途径都不能光明正大。

她的学习时间就是父母不在家的时候，稚嫩的她打开电视，如饥似渴地看舞台上明星的表演。

她为练舞要压腿的概念而沾沾自喜。

每天躲在房间里把纤细的腿架在高高的窗台上按压是她最快乐的事，只是，稚嫩的孩子哪懂得完美的平衡力度。因为用力过度，她的韧带被拉伤了。

很长一段时间，她常常在半夜因为腿抽筋而痛醒，她甚至不敢有大的动作，动一动，双腿就会揪心的痛。

初三的毕业晚会，Zoe在学校的舞台上模仿了一段《看我72变》，曼妙的腰肢不见得有多美，但也确切表达了对舞蹈的狂热喜爱。

在那个露天的、简陋的舞台，Zoe第一次触摸到了梦想的光芒。

但这一舞并没有成为她命运的转折曲，生活到底不是励志电视剧。

尽管Zoe很想在毕业之后去一所艺校，然而，高昂的学费令Zoe一家望而却步。

懂事的她最终选了一所普通的中专学校。

生活总喜欢捉弄人，它为你打开了梦想的大门，却不给你追逐梦想的资本；它给你描绘出心生向往的蓝图，又不能为你的未来保驾护航。

一个高热的夏天能毁掉什么？

它能毁掉少女的一只臂膀。

中专毕业以后，Zoe辗转在珠江三角洲一带，她干过很多工作，在玩具厂做女工，在服装店卖衣服，在便利店当收银员，在餐厅做服务生。工作辛苦，收入微薄，天真的少女并未察觉到不妥。

但突如其来的变故，总能整合一个人的内心，为此而更理性地思考人生。

Zoe毕业两年后的夏天，空气高热，她在工厂倒班时，眼睁睁看着车间的重型机器将一个年纪相仿的女孩的整只左臂残忍地绞断。

Zoe躲在宿舍里彻夜未眠，恐惧来得恰到好处，催生出要么沉默，要么打破的念头。Zoe不能接受被摧毁，她还没有真正地站到舞台上，她不甘心。

内心有梦却不敢追，她不能接受自己的投降。

第二天，Zoe毅然辞职。

她迅速收拾了行李，奔向了北京。

时至今日，Zoe偶尔会在凌晨的黑暗中无端地失眠，少女被绞掉左臂的画面飘浮在脑海，那种彻骨的疼痛感直直地戳进身体里，仿佛受了伤的就是自己。

初到北京，Zoe如履薄冰。

这座繁忙的都市，每天都有数不尽的追梦人到来。灰蒙蒙的天空，人潮拥挤，谁也不会关注一个年轻女孩的执着。

Zoe找到一间月租三百块的地下室，狭小的房间仅能容纳一张床和一个简易的衣柜，跳舞时更无法舒展双腿。

梦想的确是人生最有力的马达，捉襟见肘的Zoe因着这份动力变得有恃无恐。

她积极地找了工作，又不厌其烦地日夜加班。

一千八百元的底薪，她将二分之一的薪水寄回家，剩下的钱除了支付房租和生活，Zoe一分不肯花，她要攒下一笔上舞蹈培训班的钱。

高晓松曾说："我曾以为艺术这东西是吃饱的人撑得，但其实艺术特别平等。不管你什么阶层，生活怎样，有没有希望，音乐和舞蹈都能抚慰你的心灵，这是我四十岁时才认识到的。"

显然，在北京漂泊的孤独时光里，没有亲人，没有朋友，舞蹈是Zoe最温暖的相伴。

十九岁的Zoe显然已经错过了学习舞蹈的最佳时期，但命运唯一的好，就是规则简单。跳舞这件事，只要身体条件不差，能吃苦就行。

一个专业的舞者，至少有七年的时间都在学习基本功。Zoe仅用了七百天，就从舞蹈培训机构的学生变成了老师。

这十几年的落差，她尽了多大的力气去弥补，这弥补的过程到底有多艰辛，只有她自己知道。

2013年，Zoe波澜不惊的生活变得热闹起来。

她舞蹈课里的顽皮学员，将她跳舞的视频上传到了网络，她的学舞经历受到很多年轻人的热捧。一不小心，她就被迫成了励志的焦点。

在这之后，陆续有夜场向Zoe发出邀请，请她去跳舞，但都被拒绝了。

二十多岁的Zoe对待颠沛流离已经毫无紧张感，对待梦想还是一成不变地坚定，舞蹈在她看来非常讲究仪式感。她可以为它燃烧一切，却不能让它在风尘里灰飞烟灭。

在诸多热情的邀请中，Zoe最终去了上海一家颇有知名度的舞蹈培训学校。

在那里，科班高手云集，非专业出身的年轻的Zoe被质疑，她却不以为意。

他们可以轻视她草根的出身，也可以嘲笑她不够专业，却没有办法否认，跌宕曲折、孤独漫长的人生里，勇敢表达自己的人从来不可笑，明明有梦可做却没有为此去行动的人，才是生活里的loser。

这个世界从来不缺捷径可走。Zoe却认为，努力的过程一旦被稀释，后果总是令人忐忑的。何况，不曾因贫穷而折断梦想，凭一己之力在城市里找到最有尊严的生存方式，已是足够幸运。

梦想这种果子，只有努力踮起脚尖才能有幸摘到。

这就是婚姻的奇妙之处，婚姻里的两个人都应该是独立的个体，倘若一方完全依赖另一方，它的天平就会倾斜。

但愿婚前你知道

夜晚如期而至，浅灰色的北新路和周边的建筑以绝不奉迎的姿态默默存在了十几年，让看的人浑身发冷。

斑驳的光影洒在点争精致的脸上，棕红色的短发恣意而倔强，今天是她三十岁的生日。

点争轻轻地抚了抚眼角细小的鱼尾纹，第一次生出无能为力的疲惫感，心里明白要嫁出去的概率又低了几成吧。

一个人慢悠悠地喝掉了半瓶红酒，她决定换一种生活方式试试。

三十岁之前，点争是一家O2O企业的市场部总监，是出名的工作狂，被属下誉为“穿高跟鞋的时尚女魔头”。

点争迷恋高跟鞋，尤其热爱高跟鞋上脚后踩在地板上发出的“嗒嗒”声，这声音坚定有力，代表新的一天热烈开始。

于职场女精英，商业酒会就是她的舞台，点争更是如此。她随便一发挥，便能赢得许多目光。

谢晓就是这么被点争吸引的。

凉意袭人的夜晚，点争穿着质地精致的礼服，粉嫩的小脚踩着足有十厘米的高跟鞋，漂亮的眼睛笑成弯弯的一条，嘴角优雅的弧度微微上挑，带着一股莫名其妙的倔强。

一眼之后，谢晓再也听不清别人在说什么，眼里、心里，甚至脑海里塞满的都是点争这个柔软又倔强的女生。

谢晓追求点争不走寻常路，他不似大多数男人一样大玩浪漫攻略，而是帮点争买了一双又一双高跟鞋。

点争的双脚有点扁瘦，偏小的尺码使买鞋成了困难的事。因此，每当点争见到喜欢的鞋子，总会将同款式不同颜色的鞋子各入一双。

谢晓这种投其所好的细心如一粒催眠的种子，很快在点争心里生长出了欢喜的嫩芽儿。

熟男熟女的恋爱，都是奔着结婚的目的而来，谢晓和点争也不能免俗。

在交往三个月之后，谢晓便求了婚。

谢晓的求婚没有惊天动地的大举动，只是精心copy了一下恋爱时的伎俩：在他准备好的婚房里，请人将整面墙打成一个大大的鞋柜。当点争看到鞋柜里装满了谢晓亲自挑选的高跟鞋，心底的嫩芽齐心合力开了花，在这样眩晕的幸福感里，点争就这么把自己嫁了。

结婚之后似乎没什么质的变化，夫妻俩各自忙碌。谢晓出差，点争也出差。谢晓加班，点争也加班。

时间久了，谢晓渐渐醒过味来，他已经结婚了。

明明是家，他们怎么硬生生将它变成了旅馆呢？

难得在一起的时光，谢晓和点争指尖扣着指尖地缠绵。

“亲爱的，你是不是应该换份轻松一点的工作呢？”他试探着提议。

“凭什么？我是事业女性，好不好。”点争不满地反驳。

这样的谈话多了，自然就平添了矛盾。

难得两人都空闲，谢晓带着点争去了朋友家，朋友的妻子是气质婉约的闺秀，婚后便在家做了全职太太。热情好客的女主人亲手做了四五种糕点招待他们喝下午茶。谢晓感慨，女人就该这样。

回家的路上，谢晓提出让点争辞职的事。

点争有点生气："凭什么非得让女人为家庭做牺牲。"

"点争，你讲讲道理，好不好，难道要我牺牲吗？那公司怎么办？"谢晓烦躁地挠了挠头，无奈地解释着。

谢晓是一家外贸公司的老总，公司有两百多名员工。

这样的僵局一直持续到点争的生日。

生日的前一周，点争就电话预订了三亚一家酒店的海景房，她打算生日那天和谢晓早早飞去三亚庆生。

然而，到了生日那天，点争临时接到通知，让她去北京处理一桩退货纠纷。

谢晓紧蹙着眉头，点争讨好地抱着他胳膊撒娇："好老公，我去去就回，下午就能到三亚，你等我一起吃烛光晚餐。"

北京的纠纷处理得很顺利。点争忙碌了一个上午，在赶往机场的路上欢快地跟谢晓报告着行踪。

可她没有想到，飞机会晚点，急匆匆赶到酒店时已经过了午夜十二点。

房间里，早不见谢晓的踪影。

点争拨电话过去，语音提示，您拨打的电话已关机。

书桌上躺着谢晓留下的字条：点争，生日快乐。但是，我们的婚姻，你不觉得应该改变一下吗？

点争疲惫地泡在酒店精致的浴缸里。窗外，风摇水荡，寂静的沙滩上灯火隐约闪动，散发出淡淡的气息，如她忧伤的心。

第二天，点争在公司递了辞职信。

面对老板的热情挽留，点争坦诚以对："李总，我打算回家做全职太太。"

"点争，你会后悔的。"老板惋惜道。

点争的脚步一滞，很快又昂首阔步。

遗憾总是有的，但是，相比职场拼搏的快感，三十一岁的点争更渴望家庭稳定。

点争辞职，最开心的莫过于谢晓。

当晚，他将存有自己所有流动资产的银行卡都交到了点争手上，兴高采烈地说："亲爱的，从今天开始，我养你！"

点争捏着手上的卡，调侃道："哈哈，再也不用辛苦赚钱了。"

"那是当然，你只负责貌美如花，挣钱的事交给我。"谢晓也笑。

尽管如此，点争却没有像别的主妇那样每天起床就梳妆打扮，然后泡美容院做SPA，或者随心所欲地去逛街。

她依旧保持着在职场的紧张感，早早起床，然后钻进厨房为谢晓准备早餐。

点争不会做饭，单身时早餐都是助理帮忙买的。婚后，夫妻俩的早餐基本都是牛奶和冷面包。

"老婆大人，我好想吃你亲手做的早餐啊。"谢晓说话带着孩子式的央求和撒娇，点争拒绝不了。

既然决定做全职太太，就得做个最优秀的。

于是，点争全身心地投入学习中，她报了厨艺班，在全职太太沙龙里出没。

而做饭这种技术活，是熟能生巧的，再加上厨艺班老师的耐心指导，点争很快就升级为一名技术高超的厨娘。

早餐花样轮流转换，稻荷面包配鲜榨果汁、红虾培根卷配牛奶、红肠煎蛋配紫薯粥。谢晓不出差时，点争会煲好一锅靓汤，开车送到他办公室，当然，也会烤上一盒点心犒劳他的属下。

毫无疑问，谢晓的属下都十分爱戴点争这位老板娘。当然，也有唯一的例外。

例外的名字叫丽莎，是谢晓从语言学校高薪挖过来的翻译。

谢晓的外贸公司开发了新的市场，丽莎精通日语和韩语，是个能干的姑娘。

谢晓跟点争提的时候，说这女孩颇有她的风范。

见到真人，点争发现，这个叫丽莎的女孩确实有点像十年前的自己，只是身材大了两圈。不知是太傻太天真，还是太有心机，当着点争的面，她竟然自然地递纸巾给谢晓——他嘴角留着一丝饼干屑。

饼干是点争新开发的甜点，谢晓尤其爱，叮嘱她多烤点送公司来。

办公室的同事纷纷称赞点争手艺好，只有丽莎不肯吃，她要减肥。

点争不动声色，亲切地笑了笑："小姑娘，的确瘦点更好看。"

谢晓回到家，躺在沙发说丽莎在办公室哭了一个晚上，因着点争那句话。

"这姑娘够玻璃心的，我又没说她。"点争笑。

"人家年纪轻轻的，难免脸皮薄。"

点争听着这话觉得不舒服，便问："你是不是喜欢人家啊？"

"怎么可能，她那么胖。"谢晓头摇得波浪一般。

说完这话，两人都笑了。

不过，时隔不久，关于丽莎，他们两人却冷战了一场。

事情的原因在于谢晓突然给丽莎加工资，她妈妈住院了。

"一个小姑娘挺不容易的。"谢晓说。

"天下的可怜人多了，你怎么不帮帮别人呢？公司又不是慈善机构。"

"她是我的员工嘛。"谢晓讪讪地说。

"你对员工还真是够体贴的。"丽莎递纸巾的一幕在脑海闪过，点争嘴巴刻薄地说。

那晚，谢晓愤愤地去了书房，点争一个人躺在大大的双人床上，彻夜未眠。

第二天，谢晓去韩国处理订单纠纷，带着胖妞丽莎。

两天后，谢晓回来的同时给点争带回来两双华丽的高跟鞋，都是点争喜欢的品牌。

点争一个冲动，将鞋子狠狠地从窗口扔了出去。

谢晓拥着哭得像个孩子的点争，心疼极了。

“亲爱的，我们要个孩子吧。”谢晓说。

点争想了想，也许有个孩子会不一样吧。

三个月转瞬即逝，点争的肚子没有任何动静，脾气却是渐渐上涨，稍有不如意，就跟谢晓吵得面红耳赤。

谢晓说：“点争，看看你现在的样子，我快不认识你了。”

点争听了冷笑，这样的变化，不正是他谢晓一步一步要求的？

这以后，谢晓干脆用各种借口不回家，点争越来越没有安全感，她在谢晓的车里装了GPS，每天打无数个电话问他在哪里。但凡谢晓说的地址与GPS显示的地址不同时，点争心底就涌出尖锐的痛。

谢晓说在公司，但GPS显示的地址却是一个居民小区。

点争在小区蹲点了两天，然后，她见到了胖胖的丽莎。

她没有上前，而是掉头走了。

点争本来是想离婚的，可是她很快改变了主意。她放弃事业回归家庭并不是给其他女人做嫁衣的。

谢晓破天荒地在晚上七点回了家，点争准备了丰盛的晚餐。这一年，她的厨艺好得已可媲美五星级酒店，谢晓在她的照顾下越来越胖。

“我打算重新出去工作。”点争轻轻地说。这些日子，她总算看透了全职太太这个职业，分明就是包装得十分有诱惑力的陷阱。

谢晓有些意外，抬头看了她半晌，最终说：“好啊。”

工作的事情很快有了进展，前任老总听说点争要重返职场，热情地邀请她回去。当然，职务工作却变成一份闲差。

若是从前，好强的点争断然不会接受，但眼下，她迫切需要改变现状。

点争重新穿上了高跟鞋和职业装，她的世界因为工作又变得五彩缤纷。重新工作的点争，重心不再放在谢晓身上，她不再焦虑他的晚归，也不再担心他去了哪里。

从销售的前线转战到人事部，点争整日忙着报表的制作，会议的安排，客户的接待与筹备，这些琐碎的工作一点点分解了她曾经放在谢晓身上的注意力。工作的时间越长，成就感也越足，点争觉得自己犹如回到大海的小鱼，一天比一天快乐，一日比一日恣意。

一个女人的年龄一点都不重要，就像鞋子不管是平底还是高跟，只要套在脚上足够舒服就行。婚姻更是如此，如果她不被生活束缚，不因成熟而多了偏见。

点争的快乐感染了谢晓，他回家越来越早了。

偶尔，点争晚归，谢晓就会钻进厨房，笨拙而耐心地准备他们的晚餐。在手忙脚乱里慢慢领悟，一个女人到底有多爱他，才甘愿全职在家。

相较于厨房，点争果然更喜欢职场。

他也爱她，所以，对于点争工作这件事，他也乐见其成。

你看，这就是婚姻的奇妙之处，婚姻里的两个人都应该是独立的个体，倘若一方完全依赖另一方，它的天平就会倾斜。

再没什么比挫折，让婚姻更长久。

这个世界上，有那么多人。有的人，来到你的身边，让你感觉什么是真情；有的人，走进你的生活，让你领悟什么是假意。有的人站在身后也能给你温暖；有的人与你肩并肩也让你心寒。

有多少人只是在你的世界，路过

不可否认，单身的人总爱看电影。

一朵经常一个人在十二点以后看电影，光影浮动，敏感的空气里有细微的电流声，困了就抱着胳膊蜷起腿。然而，电影的情节总是很容易让人陷入旧梦，一朵闭上眼睛有些难过。她想，如果时光可以定格，她能否像现在一样淡定从容，不红眼眶？

只记得恋人未满之时，他们一群人聚餐未尽兴又转战酒吧喝酒。走进酒吧，一朵对着酒保笑了笑，换来一杯免费的红酒。那家叫Fossette的酒吧，进去的姑娘可以凭酒窝换红酒喝。

陈凡在人群中对着一朵促狭地眨眼：“干得漂亮，姑娘。”

一口地道的京片子，一声“姑娘”，真是好听极了。

如今，Fossette依旧在，他们却已经各自散落在天涯。

陈凡曾是一朵的男朋友。

嗯，现在已经是ex了。

他们的结束说起来还有点狗血，跑来跟一朵宣战的竟然是闺密的妹妹S。

女孩S大学刚刚毕业，在无任何offer（录用通知函）的保证下，义无反顾奔闺密而来。

在一朵相邀的饭局上，她和陈凡就这么认识了。

那天，一朵本来是没有打算叫陈凡的。他刚刚买了新车，心里热乎，正愁没地方显摆，于是自告奋勇来作陪。

S一扫与女生们在一起的不耐烦，一口一个“你帅呆了”“你真是太棒了”，嗲嗲的赞美击得陈凡心潮澎湃。

两个磁场相同的人是如何瞒过一朵，并迅速打得火热的，她无从得知。当然，也不想知道。

后来，S发来两人依偎在一起的照片告诉她：“陈凡爱上我了，他要跟我在一起。”

当然，她也爱他，因为他又高又帅，风度翩翩。

“那是否除此之外，还因为他有车有房，工作不错呢？”一朵如此反问。

“这是当然了，这本来就是成熟男人的基本要素。”她大方地承认。

一朵笑。

她看到了陈凡这个年龄阶段的一切特点，体贴、嘴甜、不要脸。他享受着S的赞美和爱慕，却并未坦然相告：他的车是父母老房子拆迁款所换，而那套七十平的房也只不过是付了首付，每月为了偿还四千元的贷款，他每天累得像狗一样。

为装扮这所面积不大的小屋，一朵和陈凡曾费尽心机。

客厅的入口一朵淘宝而来的情侣熊拖鞋整齐地摆放着；

飘窗上一朵亲手做的晴天娃娃笑嘻嘻地晃在阳光下；

明黄色的影视墙上挂着陈凡出差带回来的一堆米菲兔，粉白的耳朵，翠绿的衣服，看得人心底一片柔软；

乳白色的餐桌上摆着陈凡专用的水杯，它常常装着他早晨没喝完的水。

记得刚住进新房的时候，他们常在周末一起去超市买菜。

他推着车，一朵挽着他的手臂跟他讨论哪个水果看着足够新鲜，哪些是当季的蔬菜。他们都不爱吃肉，但还是会关注猪兄弟的身价是否又涨了。

他总是一副宠溺的状态，耐心回答所有合理或者不合理的问题。

一朵被这日复一日的体贴所打动，想当然地以为他们会在这样琐碎的时光里相伴一生。

只是，这样的满足感，显然不是两个人的。

夜深露重，一朵看着S发来的偎在他怀里的亲密照，抱着胳膊打哆嗦，默默地在窗边坐了一夜。

在天边泛起鱼肚白的时候，一朵挑出了所有与陈凡无关的东西，将它们一一放进了行李箱。

寄居在朋友的小出租房里，暮色沉沉，她的心情酸涩。

好朋友有好几次欲言又止。一朵知道朋友在担心，但朋友也知道她一向要强，一朵不肯开口诉苦，她也绝不出言套话。

隔了两天，S竟然打来电话要求和一朵坐在同一张餐桌上谈一谈。

一个三角恋小团体还妄图召开圆桌会议，真是天大的笑话。

“你不配。”一朵狠狠地掐断了电话，果断将他们拉入了黑名单。

攒了多年的爱在一夕烧尽。那天之后，陈凡的名字，从此再没有被提起。

那个冬天，多少昏蒙无光的清晨，一朵醒来都会在窗边待一会儿。勤劳的摆摊人提着热气腾腾的水浇在冰冷的地上，纯真的雪瞬间泥泞一片，看得人心下凄凉。这些天，一朵一直都在回避所有反光的物件，她害怕看到一张冷漠失魂的脸。

她拿起包，走出家门，手里捂着的牛奶，成了这晦暗里唯一的一点温暖。

时间治愈法总是最有疗效，它淡化了心底的伤痕，许人以新生，只是过程太粗暴。它一刀下去将人撕开，剔去骨头然后置换成钢筋一样坚硬有力的东西，承受这样暴力的巨变之后，你的心中将迎来一个新的世界。

冬天很快过去，春寒料峭的空气里盛满清新的味道。一朵迷失了太久的魂魄终于重新归体，拾起了退化已久的单身功能。

首先是装扮，不论工作还是娱乐，一朵在出门之前总会精心打扮。微卷的栗色长发慵懒地绾起，舒服的平底鞋被精致的高跟鞋取代，着装也一扫昔日的休闲风格，新置的衣服常让人眼前一亮。

然后是生活，一朵找回了曾经丢失的独立性和上进心。玩单身女生爱玩的，瑜伽、健身、自驾游；玩单身女生没玩的，做圆梦记事本，罗列梦想清单。灯泡坏了自己换，马桶堵了自己修，心血来潮会用上一天的时间将整个房间重新布置……她以玩客的精神用所爱和所好冲淡了生活的无奈，重新解读了人生。

两千万人口的城市，遇到旧爱的概率大概是多少呢？

真心低吧。

所以，陈凡以为这是天意。一朵觉得好笑，哪儿来这么多天意，老天爷很忙的。

一年后，一朵在公司如愿升职。

在客户公司的酒店宴会上，一朵瞅着了ex陈凡。

说些什么好呢?

前尘往事都已经硬成石头了。陈凡越走越近，一朵只好说："好久不见。"旧情人见面，半句话出口，对方就已了然于心。

在与陈凡的交谈里，一朵得知他和S早早分了手。

因为，当她无所事事整天在电脑前给他发萌萌的表情时，他却在办公桌前处理令他焦头烂额的文件。

她经常一个电话接一个电话地打乱他与客户的交谈，而且如果他不接电话，她就不甘心地连拨几十个。

陈凡厌倦了这样的多疑和神经质，果断提出分手。

在他们的谈话中，陈凡言语里不乏失去一朵的悔恨和懊恼。一朵静静地站着，不置可否地笑笑。

然而，她低估了一个男人对"重温旧梦"的幻想与痴迷，尤其是这个男人聊起感情的时候眉毛紧皱。

当陈凡提出复合的想法，一朵的心里顿时咯噔一声，像混沌一片突然被盘古的大斧狠劈了一下。

追回前女友需要多少成本，一朵懒得思考。

这个世界上，有那么多人。有的人，来到你的身边，让你感觉什么是真情；有的人，走进你的生活，让你领悟什么是假意。有的人站在身后也能给你温暖；有的人与你肩并肩也让你心寒。有多少人之所以在你的世界里路过，纯粹只是打个酱油，混点经验。这是生命的洗礼，命运的安排，无论你喜欢还是不喜欢，它都在那里。所以，你唯一能做的就是接受它，然后学着去明白它存在的意义。

但，一朵清楚地知道，陈旧的爱情又冷又硬，过期的东西绝对会扯得人喉咙又苦又涩。

当陈凡厚颜提出复合的想法，她本能地甩了他一记响亮的耳光。误以为能在你的世界翻云覆雨的过客，总得一巴掌打醒他才心安。

想旧梦重温？

这——不——可——能。

原本，她是一个没有多大目标的女人，想的是有份安稳的职业，嫁一个相爱的人，就这样过一生，岁月静好。

藏在心底的真爱，怎么会难堪

乔叶那天的相亲有点狼狈。

她正在手忙脚乱地帮客户打文件，突然接到同事麦萱的电话，说她表哥来了，想见见她。头与肩膀夹着电话，乔叶手上也没停下来，她看了看时间，推辞说："算了吧，我开玩笑的。"

麦萱保持一贯的强势口吻："六点，'名典咖啡'见。"然后就挂断了。乔叶看看电话，摇摇头，加紧了手下的动作。

两周以前麦萱拿着一本书，在乔叶面前晃了晃，炫耀她的钻石王老五表哥又出新书了。麦萱望着天哀叹："不知道我表哥这棵嫩草，最后会落到谁的手里。"她看一眼正低头喝水的乔叶说，"要不，介绍给你？"

说完，用打量货物的眼神从上到下把乔叶扫描了一遍。对乔叶说："其实你挺漂亮的，就是脸上雀斑稍微多了点。看在你照顾我的分上，肥水不流外人田，就你了。"

说完就走了，办公室里嘻嘻哈哈谁也没当真。

没想到麦萱来真的。

距离六点还有十五分钟的时候，乔叶终于完成了手里的工作，把文稿交给了客户，又发了一个传真，然后匆匆忙忙地赶往"名典咖啡"。

在路上，乔叶还在犹豫该不该去。看看阴沉沉的天，她安慰自己，管他呢，就当找一个人陪自己吃晚餐。

天气寒冷，咖啡馆生意清淡，只有寥寥几个人，乔叶没看到麦萱的身影，只好打她交代的电话，电话在一个角落响起。当那位穿着浅灰色羊毛衫的男子站起身时，乔叶与他都愣住了。这个莫名其妙的相亲对象，居然是李子恒——她的大学班主任，她一直偷偷地喜欢他。

一时间，乔叶下意识地摸了摸自己的脸，想起了那些讨厌的雀斑，有些后悔来时没去卫生间补补妆。她脚步僵硬地挪动过去，李子恒笑了起来：“世界真小呀。”

李子恒替她点了卡布其诺，还有一个可爱的抹茶蛋糕。他说：“天气太冷，先喝口热咖啡，吃块蛋糕填填肚子，然后咱们去涮‘小肥羊’。”那种宠爱与真诚发自内心，让乔叶一下子眼睛湿润，内心剧烈翻腾。她喝一口咖啡，抬起头问：“李老师，您没在大学里了？”

李子恒说："对，你们就是我的关门弟子。"

没等她问下去，李子恒就告诉了她，他考取了注册会计师，现在在一家会计师事务所上班。

李子恒问："你跟你的男友，分了？"

乔叶低下头，心里充满了懊恼，早知道会与李子恒这样重逢，她打死也不会去谈那场不咸不淡的恋爱。

大一，当李子恒拿着讲义夹，站在讲台自我介绍时，微薄的阳光透过玻璃窗洒在他身上，温暖而俊朗，让乔叶的心突然之间有种被穿透的感觉。她在一瞬间了悟"弱水三千，只取一瓢"的悸动。

她不是没暗示过李子恒。大四，她开始频繁地向李子恒请教问题。她躲在宿舍的被窝里想，上课时，他明显地有些回避自己的眼神，他应该是明白的。

李子恒当然明白，这个眼神晶亮的女生的羞涩。他暗暗告诫自己，她是自己的学生，仅此而已。所以，有一次乔叶向他请教时，他有些不耐烦地皱着眉头对科代表吩咐："你再给她讲讲。"

这以后，他们的关系就莫名地疏离了。乔叶是自尊心极强的女孩，再看到李子恒时，神态里有了刻意的距离。两个月后，乔叶就有了男友。李子恒不是没有失落，只是他忙着奔前程，这点小花絮很快就忘记了。而乔叶的那场恋爱延续的时间并不长，毕业后就各奔东西不了了之。

李子恒修长的手指握着小勺搅动着咖啡，也搅乱了乔叶的心绪。她低着头想，李子恒该不会是介意自己大学里的那场恋爱吧？微微侧头，她看到旁边玻璃上映出自己的脸，一张撒满雀斑的脸，心里就黯然了一下。她就是人家嘴里那种"看正面想自卫"的一类人。

他们去了"小肥羊"。乔叶心里有了些许的欢喜，她记得有一次闲聊时，她说过喜欢"小肥羊"的火锅，没想到李子恒居然记住了。

隔着氤氲的水汽，还有热闹喧嚣的人气，他们之间的气氛很温馨。李子恒一直在照顾她，点她喜欢的菜，给她倒饮料，提醒她菜先凉一凉，别吃太烫。

乔叶的话匣子渐渐打开。她向李子恒诉说一些自己被客人刁难的经历，是带着一点撒娇的口吻。李子恒默默地听完，然后认真地问乔叶："将来你有什么打算？"

乔叶愣住了。在此以前，她对自己的现状已经很满足了。大专毕业，通过关系在一家四星级酒店里负责"商务中心"，也就是替来住的客户打打文件，发发传真，顺带订订机票、火车票等。工作虽然烦琐，但福利待遇都不错。

在送乔叶到她家，分别时，李子恒说："以后叫我子恒吧。"

乔叶呆呆地点点头，像被一个百万彩球砸中，幸福得恍恍惚惚。直到回到家，看到镜子里面色绯红的自己，才敢相信这不是梦。

第二天刚上班，麦萱就神秘兮兮地跑到乔叶办公桌前，告诉她，昨天她表哥回家明显很兴奋。她对乔叶说："我表哥不错吧？拿什么贿赂我？"

最后她买了一支迪奥的唇彩才把麦萱打发了。麦萱说："放心，你有我这个眼线，我表哥逃不出你的手掌心。"乔叶把她赶出了办公室，却掩饰不住唇边的笑意。

他们在MSN上联系，只有对方能看懂的签名是彼此心照不宣的幸福。有一天，乔叶收到了李子恒快递过来的包裹。麦萱拆开一看惊叫一声："天哪，是夏奈尔的晚装，表哥真大方。"

晚上李子恒告诉她，下周他有一个同学聚会，希望她能陪他一起参加。乔叶当然愿意，只是，她有些犹豫地问："我行吗？"

李子恒说："没关系，一切听我的安排。"

周六李子恒果然在酒店大厅里等她下班。同事羡慕地说："你男友真有耐心。"乔叶的脸笑成了一朵花，连那些雀斑都不那么引人注目了。

虽然乔叶穿了夏奈尔的晚装，专门去美容院盘了头发，化了晚妆，可对他们来说，那是一场不尴尬而不那么愉快的晚会。

李子恒被同学捉去叙旧，她在众人的目光里，感觉像一个怪物。甚至，她能听见些窃窃私语，议论她脸上的雀斑，像满天的繁星。中间有人过来与她闲聊，问及她在哪儿上班时，她刚想回答，李子恒走了过来，揽着她的肩膀笑容可掬地抢先回答："她正在考研，你们这些学姐可要多帮忙。"

回去路上，乔叶一直低头。临到下车，她对李子恒说："我决定考研了。"李子恒握住她的手说："我会一直支持你。"

乔叶笑笑。原本，她是一个没有多大目标的女人，想的是有份安稳的职业，嫁一个相爱的人，就这样过一生，岁月静好。可今晚她发现了她与李子恒之间的距离，他对她职业的掩饰。她不想让他丢脸。当然，决定考研，还有另一层考虑，她想增加自己在李子恒心里的含金量。

乔叶很明白，自己虽然身材尚可，五官清秀却有密布在脸上大煞风景的雀斑。这样的条件，想要嫁得好，首先要干得好，自己的筹码只能自己增加。

自从决定考研，他们的话题都围绕考研进行。乔叶心里有了些微妙的变化，仿佛电脑那边循循善诱的人，又变回了昔日的老师。她心里有些隐隐的幽怨，她提过几次去见他的家人，李子恒都说，现在时间紧，先准备考试。

时间固然紧，然而到底是不是托辞，只有李子恒明白了。

李子恒为她买来很多复习资料，又在MSN上给她解答难题，帮她确定专业。李子恒对她考研的态度越热切，乔叶的心里就越有种说不出的失落。

2008年年底，乔叶参加同事的婚礼。回来的时候，她掏出梳妆镜仔细地看自己，透过那些星星点点的雀斑，她惊恐地发现自己的青春正在流失。趁着酒劲，她拨通了李子恒的电话：“子恒，我们结婚吧。”

李子恒虽然在笑，但乔叶纵然是微醺也听出他笑得虚。他说：“我什么都没有，拿什么来娶你，怎么保证你的幸福？”

乔叶沉默了，然后挂了电话。李子恒也没再打过来。她自嘲地想想，原来，他在乎的不仅是她脸上的雀斑，还有她算不上光鲜的职业。

这些话当然不可能说白了。只是每次再接到电话，李子恒再询问她的考试准备情况时，乔叶便有了另一些心思，讲话也带了些情绪。

有一次他们在电话里争吵了起来，她冷不防地说了一句：“你觉得我真考上研，还看得上你吗？！”

他在电话里很自信地说：“会的。”

是乔叶先挂了电话。她想，也许，注定他真的只能是自己的恩师，而不能是白首不相离的人。乔叶多想听他说：“不管你能不能考上，我都跟你在一起。”

他与她联系，话题除了考试就是对未来的憧憬。有一次，李子恒说：“等你考上研，我们再好好治治你脸上的雀斑。”她当时没在意，现在回头想，为什么一定要考上研？她与他的前途，是不是只能是她考上研究生，找一份光鲜体面的工作，才有可能？

就这样两人就渐渐地冷了下来，带着一个完美的借口：乔叶要全力准备考试。

2009年春节前夕，乔叶辗转了大半个中国，独自在异乡准备迎接考试。窗外有零星的雪花，更显得寒冷。她瑟缩在宿舍里，孤独铺天盖地地涌过来。她无意中拨通了麦萱的电话，喃喃地说：“麦萱，我想放弃了。”麦萱沉默了好一会儿说：“我给你发一个地址，你看看就明白了。”

乔叶点开的刹那就呆了。是李子恒的博客，里面写的都是他们的故事，日期从他们相亲重逢的那天开始。上面有乔叶不少的照片，是用手机偷拍的。有她在阴雨天狼狈不堪挤公交车的，有她低头啃面包的，还有对着客户的背影做鬼脸的……里面基本上记录了她所有的生活与状态。

在最后的几页里，乔叶看到了这样几句话：

我不该在半年前，贪图那笔钱，因为那笔洗黑钱的交易，现在被罚款，事务所也关闭了。原本想给她一个完美的婚礼，现在不可能了。看着她辛苦，心里很疼，但不能不这样做。因为，她是一个不那么耀眼的女孩，如果，我不能给她幸福，那么，我也要让她把幸福攥在自己的手心。

麦萱的短信又来了：他筹钱是因为想带你到韩国去美容，祛除你脸上的雀斑。他其实不在意，但因为你在意。

乔叶的泪水肆无忌惮地流了出来。她匆匆忙忙地收拾行李，只有一个念头，她要回去，她要在自己爱了那么多年的男人肩上痛快地哭一场。

冲出大门外，乔叶站住了，还有三天就考试了，如果此时放弃，就等于放弃了那个男人深沉的付出，放弃了他的希望。

她慢慢地往回走，给李子恒发了短信过去：我要把你给的幸福，连同你一起攥在手心。

李子恒的短信很快就回了：你往回看。转身，她看到了雪人一样的李子恒站在距离她十米远的地方，像一束耀眼温暖的阳光。

被命运泼过冷水，才更懂得体恤人心，也更懂得感恩。以对方坚持的姿态努力生活，是想要证明对方欲望的正确。

有一种爱叫成全

在“我们在读同一本书”的豆瓣小组里，顾小果看到一个姑娘的直播帖，姑娘和她的画家男朋友住在北京的地下室，他们睡觉的床是由520本书搭建而成的。

那个姑娘在帖子里写道：“每天躺在这渊博知识构筑的小床上，谁还去担心下一餐吃什么。”

看到这里顾小果笑了，她想这姑娘可真够没心没肺的。

她和程远何尝不是如此呢。

22岁那年，顾小果和程远从北京的两层地下室搬到了阁楼之上。矮矮的屋脊，在狭窄的空间里穿行须时刻低头弯腰。

柔软的小床是他们最值钱的家当。顾小果常常呈大字形躺在床上做白日梦，日子如此清贫，不做梦何以抵抗生活。

顾小果的梦想是当一名很红很大牌的大神级写手。她在网站当签约作者，虽然现在一千字卖20块。

程远的梦想则是要超越天涯（即“天涯社区”，国内著名网络社区）的“四美之首”——钟汉良。耳闻目睹娱乐圈林林总总的声色犬马，他还是想涉入其中，过一过在街上随便走走也会被路人包围的明星生活。

大学毕业，世界看起来是那么美好。新时代小年轻顾小果和程远自恋又清高，他们忠于梦想，拒绝现实，就这么欢乐而清贫地过了一年。

时间永远是最受用的规则。第二年，顾小果对程远说：“亲爱的，咱们必须有一个做牺牲，恶俗一下，接点地气。你头脑如此灵活，应该去经商，一定能赚很多很多的钱。”

可程远对顾小果说：“可是我已经以身试法演艺圈，怎么能戛然止步呢？我们得时刻为自己负责。”

顾小果歪着头看程远亮晶晶的眼睛，她沉默了。

这一年，顾小果瘦成一把骨头，每月收到网站一笔两千元的稿费。他们依靠这笔稿费维持着生活。蜗居在北京的这两年，他们几乎哪儿也不去，因此也时常迷路。顾小果像一棵野草，对这个世界她有欲望，但不会虚妄到无限延长。

第三年，顾小果和程远分手。

分手那天，程远还在反复说一句话：“我们得为自己负责。”

顾小果狠狠地呸了他一声。

且不提资质，在这人生浩荡的大路上，有多少人走着走着都换了道。为梦想负责的前提是吃饱穿暖，没有温饱，哪有力量傲娇？

她顾小果实在受够了断水断电又断粮，见房东就像老鼠见了猫的生活。

“程远，我告诉你。我就是市侩了，就是虚荣了，我想住大房子，想过好日子。这些，我每天做梦都在想。”顾小果歇斯底里。

“可是，你爱我啊。”

“对，但我现在不想爱了。”

他们大吵一架，从此分道扬镳。

离开程远以后，顾小果去了一家影视公司上班，度过一段相当惨淡的日子，一年之后渐渐混出点眉目。

最近，顾小果接了一份美差，帮某知名视频网站写自制剧本。顾小果为此跑到云南，躲到小清新的客栈里闭关。

恰逢连绵细雨，顾小果在空旷的房间里，拉上厚厚的窗帘，噼里啪啦地码字，不问朝夕。每集的概梗终于敲定，顾小果疲倦地伸了伸腰，拉开厚重的窗帘，细雨缤纷，飘飘扬扬融入河中，真是又快乐又落寞。

顾小果胡乱披上外套，打算出门买些美食犒赏一下遭罪的胃。

旧情人的相逢不都是在各自光鲜的时候吗？然后，微点头打个照面。

怎么能是现在这样：顾小果披头散发，穿着邋遢；程远发型时尚，穿着精致。顾小果手里拎着啤酒和鸡翅；程远拉着银灰色的行李箱。

怎么会有这样的相遇？

顾小果愤愤地瞪着眼睛，和程远的王子做派相比，她这个灰姑娘完败。她就是这么小心眼，见不得程远混得比她好。

程远本来是来云南谈项目的。

这场相遇的结果是让谈项目变成了和顾小果在房间里喝酒。

程远霸占着顾小果的床，啃着顾小果的鸡翅，喝着顾小果的啤酒。在占完所有便宜之后，他开始盯着顾小果耍无赖："连夜飞了上千里，没去赚钱反而跑到这里陪你喝酒，我这心底真愧疚。"

"顾小果，你赔我订单。"

顾小果无奈地翻着白眼，天知道，她多想一脚将他踹回千里之外。

可是，程远又说："这个世界可以赚的钱太多，再见你比赚钱还畅快。"

后来，两人喝光了所有的啤酒，显然都喝得有点高。顾小果和程远各自盘腿坐在地板上，收起了玩笑的姿态，终于肯说些推心置腹的话。

程远说："小果，之前我是真的做错了。一个男人不可能一直过苦日子，还妄想让心爱的女人一起苦中作乐。"

顾小果却笑了："可我现在觉得，无论什么时候，我们都该为自己负责。”

朝阳一点点升起，顾小果打开房门送客，程远站在门口踟蹰不前。

走廊的感应灯坚持亮了一会儿又突然啪地熄灭，顾小果笑容朦胧，程远说：“你要好好的。”

顾小果心底轰然塌陷，但她恶声恶气地说：“程远，你什么时候变得磨叽了，快点走吧。”

程远无奈地看着她：“可是，你拽住我衣角了。”

顾小果倏地松开手。

程远走了一步，又回头。

他说：“你还是散着头发最好看。”

他说：“遇事别慌，有事就找我。”

这是他们分开的第五年。

五年后的程远，成了一名聪明的商人，去了好多地方。

五年后的顾小果，成了一名小编剧，写了N部剧本。

重逢的顾小果和程远联系不多，但再没有失去联络。每到一个新的地方，程远总会快递给顾小果值得购买的好东西，他说这是他欠顾小果的。

同班的一对同学宣告爱情长跑结束，发来结婚的邀请函。

一票久别重逢的人在婚宴上唏嘘慨叹，七年的坚持浓缩在一杯白酒里，爱情升华成婚姻，青春也只剩得和兔子尾巴一般短。

程远到的时候宴席已经开了一段时间，关于他的迟到，大家纷纷嚷着自罚三杯。

程远爽快地喝了三杯白酒，一点也不扭捏。

酒店宴会厅的灯光耀眼，顾小果隔着人群静静地凝视着他，突然发现，如今的程远早已和记忆中截然不同了。他变成熟了，懂世故了，当然，也老了一些。这些年，他大概笑的次数太多，眼角上已经爬满细小的皱纹。

顾小果这么看着，蓦地有些难过。

婚宴散场的时候，夜已经深了，路边的大树已经有树叶抖落，颇有些萧索的秋意。顾小果感伤地与众人一一拥抱告别。只此一别，真不知道大家再见面的时候会是何等模样。

顾小果站在路边等出租车，程远在身后喊："顾小果，你等等。"

"你不用送我，你喝了酒，不能开车的。"

程远恍若未闻，固执地把顾小果拽到车前，他打开了后备箱，捧出一大束玫瑰。

他说："后天是你的生日，我怕今年再错过。"

顾小果怔在原地，又愧疚又感动。

程远歪着头笑着看她。

顾小果接过了鲜花，她摘下了缀在花丛的卡片，是空白的。

顾小果抿了抿嘴巴没出声，心底怅然。

"我其实写了好多张，都表达不了心情，所以，就什么都没写。"程远看穿了她的心思，扬着漂亮的眉毛解释。过了一会儿，他说："顾小果，我们重新开始吧。"

顾小果看着眼前这个男人，他的肩膀宽了很多，模样被岁月浸润得温和了许多，但那双眼睛依旧亮晶晶，只是眼角的皱纹让人伤感。

顾小果终于忍不住向前一步，摸上了他的眼。

这世间，生活的方式多种多样。被命运泼过冷水，才更懂得体恤人心，也更懂得感恩。以对方坚持的姿态努力生活，是想要证明对方欲望的正确。

你没有办法否认，这样默默地实现欲望的生活，它很酷。

情敌如鲶鱼般有积极的效应，哪怕是一个并不存在的假想敌，也能够逼着你时刻督促自己，精神抖擞，保持靓丽，生活积极，工作努力。

真爱靠天意，不老靠情敌

枝繁叶茂的初夏，微风懒洋洋地吹过，头顶上想起沙沙声，Keira沉默地在树荫下站着，眼里蓄满了泪水，她还在回味着祝信安告诉她的每一句话。

不远处，祝信安已经跨上山地车在反射着耀眼阳光的柏油马路上疾行。

那一年，学生们高考结束。少女Keira人生第一次，也是唯一一次向暗恋的男生表白。

然而，她遭到了男孩儿的拒绝。

一片柔软的树叶飘飘荡荡拂过脸庞，又落在地上。Keira深呼一口气，负气地擦了擦眼睛，对自己说“没事”，便慢吞吞地往回走。

之后，Keira被北京外国语学院录取，祝信安因为成绩不够理想，又固执地不肯复读，最后跟随父亲南下经商去了。

就在几天前，Keira接到了祝信安的电话，他要来北京采买。从同学处得知Keira在北京，想跟她见上一面，一起吃顿饭。

Keira答应得很爽快，毕竟是老同学。

放下电话，Keira的心脏骤停一秒，然后迅速敷着面膜洗了澡，梳理了头发，又化了个精致的妆，打开衣橱搭配上最合适的衣服，以看似随意实则处处精心的形象出门了。

见面的地点选在了一家私房菜馆。Keira去的时候，祝信安已经坐在预定的位置。

岁月这把杀猪刀对祝信安显然不够温柔。七年未见，他的外表看上去至少比Keira大五岁，曾经偏瘦的身材如今开始横向发展，头发依旧浓密，只是眼皮往下耷拉，一张脸略显憔悴，这一切似乎都在说明，祝信安过得并不算好。

多年未见的两个人，显然不知该如何寒暄，只得各自端了酒杯。

祝信安说："真没想到，这么多年了，你的模样居然一点儿都没变。"

Keira笑笑，觉得他一板一眼像个孩子。

"你已经结婚了吧？"

Keira摇摇头，反问："你呢？"

他点点头。

眼见他心明眼净，Keira心律不齐的老毛病在这一刻又犯了，到底是不甘心的。

于是，Keira装作若无其事地问：“她是做什么工作的？”

“在巴黎……”

祝信安急促的手机铃声在此刻响起，原来是谈妥的订单出了变故。他心急如焚，只好匆匆跟Keira道别。

祝信安离开以后，服务生端来了菜馆的招牌甜品——金橘刨冰。金色的橘子酱晕染在细碎的沙冰上，玉米粒大小的橘肉均匀地散布在冰面上。

Keira却无心品尝。

她在琢磨祝信安的话。

他凭什么就找了一个在巴黎的女生呢？

她很漂亮吧？

她家里很有钱吧？

她在巴黎干什么呢？

想得越多，Keira心里更是意难平。怪不得当年祝信安拒绝她的时候那么干脆，原来是找了个有才有貌、有权有势的白富美啊。

Keira悻悻地回了家，躺在床上恶狠狠地想：祝信安，算你狠，隔着七百公里的距离，再与你相见有什么意义。

人有不甘就得多努力，Keira在旧爱无意的插刀下，果断鸡血了。

巴黎去不了，做个职场杜拉拉还是可以的。

时隔一周，发小休年假奔Keira而来。

Keira很开心，请假又花钱，舍身陪发小痛快地玩。

晚上，两人并排躺在床上聊天，Keira说：“祝信安真奇怪，娶了个在巴黎的老婆，怎么不跟去巴黎呢？”

发小意味深长地看了她一眼：“你听谁说他娶的女人在巴黎啊？”

“他说的啊，前几天我们才见过面。”

发小看着Keira，发出哈哈的爆笑声。

“他老婆在‘巴黎甜品店’当店长。”

什么？

居然是“巴黎甜品店”！

嘿嘿嘿嘿！

Keira从床上一跃而起，毫无形象地笑出声。

郁积了多天的坏心情瞬间跑得无影无踪。

看，这就是女人对情敌的情怀。

也许，她和她从未面对面见过，却在得知对方存在那一秒便生出了暗暗较劲的心思。有的女人一生也未必遇得到情敌，却不曾断过假想敌。年少有“邻居家的孩子”较劲，少女期把男生公认的理想型当作假想敌，甜蜜热恋时又不忘与办公室女同事做比较，婚后暗自争当“对面的女邻居”的榜样……

其实，这没什么不好。

爱情这种易碎品，相爱容易，相守不易。即使是千万人中的相遇，一旦生出裂痕，也很难恢复如初，真爱既要依靠天意，也要小心经营。情敌如鲶鱼般有积极的效应，哪怕是一个并不存在的假想敌，也能够逼着你时刻督促自己，精神抖擞，保持靓丽，生活积极，工作努力。

情敌不够好，你会暗爽在心，生出一份“我很优秀”的快感，也会让自己时刻保持警惕，千万别犯同样的错；情敌够好，你会激励自己，并涌出强大的行动力，让你坚信自己有超越她的能力。

替自己着想，找一个假想敌吧，真爱靠天意，不老靠情敌。

情敌无价，你值得拥有！

这是个千变万化的世界，我们有多勇敢就有多怯懦。爱是生活赋予我们的罕见天赋，相爱的就该在一起。

不是感情不够好，只是欲望在发烧

从地图上看，韩小涵与顾子言之间的距离一点也不遥远。

QQ聊天一秒就能看到，电话拨过去十秒内就能接通，编辑短信一分钟对方就能收到，偶尔心血来潮寄上一张明信片，大约需要一周。

白色情人节，顾子言收到了韩小涵漂洋过海的礼物——一盒费列罗和一张明信片。

圣诞夜，韩小涵抱着蜂蜜水，顾子言开了一瓶燕京，两人隔着屏幕欢快地碰了杯。

忙碌过后的周末，他们像所有甜蜜的恋人一样，窝在各自的床上追美剧，韩小涵隔着屏幕惊叹米勒真是帅呆了。

小企鹅滴滴响起，顾子言发来一个超级不爽的表情。

惹得韩小涵咯咯笑。

更多时候，他们互相为对方罗列书单，读同一本书，写不同的书评。

华灯初上，韩小涵躺在床上的时候总忍不住去想，顾子言到底在干什么呢？他那里天气怎样呢？热不热，闷不闷呢？

异地恋有时候，就是这么让人煎熬。

寂寞噬骨，韩小涵不得不给自己找点事情做。

于是，她下班后总习惯爬上楼顶，拍一拍天空的颜色。

韩小涵在手机里慢慢积攒着天空的颜色，日复一日，多云的，晴空的，绚丽的，颓败的。她并不是想与顾子言分享大自然的传奇，只是希望，在这稀疏平常的人生里，看到她持之以恒的真心。

恋爱这五年，他们的生活不乏争吵、诱惑和阻碍，娇小可爱的韩小涵身边总会出现热烈追求的男生，顾子言身边也有千方百计热情相约的女生。韩小涵的爸爸，顾子言的妈妈每隔一段时间总会旁敲侧击，语重心长地劝说异地恋实在孩子气。

被现实快压垮的时候，他们也曾说好和平分手，好聚好散，到最后还是没耐住情感，抱在一起哭成一团。

他们在一起，经历了太多的事。

新年他们一起在墨尔本度过。见面那天空气很干燥，路旁的树木一副曝光过度的表情。韩小涵站在树下，看着顾子言远远地跑过来。

顾子言问："路上是否顺利？"

她腼腆地笑笑："还好。"

顾子言拉着她的手，一步一步向他的小公寓走去。墨尔本的冬天阴冷，两只握在一起的手却是温热的。

两人在小公寓里做了简单的晚餐，韩小涵指挥，顾子言执行。菜端上餐桌，韩小涵漂亮的手指夹着菜喂他一口，自己吃一口，心里甜蜜得快把自己融化了。

盛夏的七月，顾子言从墨尔本回家待了一天就向北京飞奔而来。

韩小涵顶着新发型，包里装着顾子言念念不忘的玫瑰仔鱼，在拥挤的地铁站忙碌地转战，从昌平高教园到朱辛庄，到知春路，到海淀黄庄……

顾子言每停一站都急不可耐："到济南了，还有70分钟就能见到你了。"

"到沧州了，还有40分钟。"

“到廊坊了，做好迎接我的准备。”

听起来，有点幼稚又傻气。

只有经历过两地煎熬的情侣，才能体会两个相爱的男女，那种迫切想要见到，想快一点，再快一点在一起的心情。

顾子言在北京的最后一天，韩小涵带着他去广济寺。瘦弱的韩小涵虔诚地点了香，在佛前跪了许久。

后来，走出寺庙的时候，顾子言问她：“你在求什么？”

韩小涵调皮地摇头：“就不告诉你，就不告诉。”

顾子言突然伸手紧紧地抱住了她，很久之后才放开。

在这个浮躁的时代，越来越多的同龄人都失去了白日做梦的能力，许多人都学会了妥协，默默地在心底精打细算，为自己选择门当户对的伴侣。韩小涵却固执地坚持着，纵然身边风景千千万，她却只追求一个终点，自始至终，她所求也只是简单的五个字：但愿人长久。

他总是这么纵容她。

韩小涵每隔几天就会吵着要减肥，顾子言听到总是低声反驳：“哪胖了啊，你只要锻炼就好。”

韩小涵最喜欢男生有腹肌，顾子言就开始减少吃米饭的量，而且雷打不动，每天做五十个俯卧撑。

只要韩小涵精神奕奕，无论顾子言有多累多困，也会撑着多陪她一会儿。

第六年，顾子言在墨尔本结束学业，很快地在北京找到了工作。

他和她终于走到了一起。

韩小涵结婚的前一周，恰逢一朋友跟异地男友分手。

说起分手的原因，朋友说：“我们不是不爱，只是败给了距离。”

这样的理由听上去很理性，但韩小涵却完全不能理解，也不能接受。

有哪对情侣会整天腻歪在一起呢？为生活，为责任，也为彼此，总会有偶尔的，不时的分开的时候。距离的产生在所难免。距离有多远，有多近，似乎没有比较的意义。因为，感情自始至终，都在两个人的心里。坐标也许会不同，但是相爱的两个人的心却从未远离。能分开的爱情，也只不过是欲望在作祟而已。

这是个千变万化的世界，我们有多勇敢就有多怯懦。爱是生活赋予我们的罕见天赋，相爱的就该在一起。因为距离而分手的恋情，不是因为感情不够好，只是欲望在发烧。

多年过去，你还陪在我身边，这有多好。

在她歇斯底里指责他不够爱她的那个夜晚，他说："玩浪漫是技术活，会讨好你的，不一定懂爱。"

多少好姑娘不懂爱的多巴胺

沈佳宜和苏黎明分手了。

那天，沈佳宜从朋友处得知，编辑给她的新书定的稿酬很丰厚。

沈佳宜心里五味杂陈，朋友是她介绍给编辑的，她们写作风格相似，水平相当，她不明白合作的编辑为什么要厚此薄彼。

晚上，苏黎明下班回来。

沈佳宜立即向他吐苦水，按她的想象，苏黎明应该会帮忙声讨编辑的偏心，愤怒地说："这样对待我家宜宝，真是昏庸。"

但，这一切并没有发生。

苏黎明出乎意料的平静，只是笑笑，慢条斯理地吃着碗里的冰糖雪梨。

沈佳宜以为自己说得不够明白，于是变身成复读机又说了一遍。

苏黎明还是笑："编辑有自己的考量。"

沈佳宜沉默了几秒，随后，她站起来，砰的一声关了卧室的门。

苏黎明追上来敲门："别耍性子了，快出来吃碗雪梨降降火吧。"

沈佳宜打开门，盯着他："我们分手吧。"

苏黎明瞪了她一眼："你发神经啊，这什么跟什么。"

沈佳宜很想拿出鸡汤范儿来解释她为什么要分手，但，看着苏黎明不明就里的状态，她只说了一句话，就结束了他们七个月零九天的恋情。

“哄我都不肯，我要你干嘛？”

沈佳宜将恢复单身的消息公布在朋友圈。

死党小灯笼光速点赞：“男人如衣服，不合适就扔掉，总会有更好的。”

隔天，小灯笼上门吃饭，沈佳宜煲了一锅玉米冬瓜排骨汤。看到从另一个房间钻出来的苏黎明，她傻眼了：“你们这是在唱哪出？”

沈佳宜看了苏黎明一眼，低声说：“唱什么唱，分手这样的事谁会作假。”

他们确实分手了，只是苏黎明还没找到房子，所以暂时还是在此寄居。

认知感真是矛盾的东西，他们分手之前，彼此的三观水火不容呈直线发展，而现在，则换了另一副模样。

过去，苏黎明玩WOW超过两小时，沈佳宜总会制造点动静以吸引他的注意力。

如今，沈佳宜蹲在电视机跟前追脑残的偶像剧，苏黎明偶尔跟她说句话，她都佯装没时间。

你看，当一个女人对身边人没有要求了，相处模式就自动切换了。

小灯笼啃着玉米说：“你和苏黎明本来就不合适，一个在南，一个在北，吃顿饭都会争执半天。”

没错，他们连吃东西都没法彼此认同。

沈佳宜生在孔孟之乡，以面为生。

苏黎明长在鱼米之乡，以米为食。

苏黎明对餐桌上每天都是包子、馒头、油饼、面条轮番上阵感到不耐烦，心想，花样再多也改变不了它就是一坨面的事实啊。

沈佳宜更不满，米饭，米饭，米饭，一成不变的主食，想着都反胃。

苏黎明不以为然："不就是一顿饭吗？整那么复杂干啥？能填饱肚子就行了。"他不明白，女人为什么总喜欢把简单的事情复杂化。

沈佳宜冷哼一声，他当然不懂，女人要的是冬天的棉袄，夏天的蒲扇。她开心，他就得开心；她不开心了，他得哄她开心。

小灯笼蹲在餐桌前叹气："女人啊，永远渴望被男人捧在手心里。"

小灯笼跟沈佳宜同岁，她对男人的要求，比沈佳宜更甚。

午夜时分，小灯笼的男友经常会开着宝马X6到人潮拥挤的小夜市。两个人踏着油腻的马路，挤在喧嚣的人群里，就是为了买一份最负盛名的卤煮火烧。

一个在职场上叱咤风云的精英，平日里习惯了对手下的员工颐指气使，能在转身之后，俯首为女友穿越半座城，来到他压根就不喜欢的地方，无奈地挤在人群中，在卤煮拿到手之后又小心翼翼地放进保温桶，然后火速往回赶，只为了保证女朋友吃的时候温暖又舒服。

仅是想想这样的场景，沈佳宜的一颗心就融化了。

这样的事，苏黎明就从来没有做过。

"真是作，一碗吃食，你至于吗？"

小灯笼笑："你懂什么？食物怎么了？食物也能被赋予意义，我要的不是食物，只是在验证他对我是不是在乎。"

在此之前，沈佳宜一直为自己的挑剔惴惴不安，见识了小灯笼的苛刻，她立即觉得自己是正常人。

周末，沈佳宜去小灯笼家蹭饭。她男人在厨房里做饭，橙汁瓜条、麻辣香锅、井冈山豆皮……餐桌上摆满精致的菜，一顿饭吃得宾主尽欢。沈佳宜羡在眼底恨在心里，苏黎明这个浑蛋，从不会做菜，只会焖米饭。

饭毕，沈佳宜帮小灯笼收拾桌子，洗碗。然后，跟她告别。

乘电梯去地铁站的时候，天突然变了脸，沈佳宜果绿色的蕾丝衬衣瞬间被吹得皱巴巴。看着过路的手挽手的小情侣，沈佳宜有些百感交集。

自从认识苏黎明，沈佳宜似乎再没刷过碗。

他们分手已经两个月，苏黎明早在两周前搬离了原来的住处。

“买副橡胶手套吧，你那么不喜欢刷碗。”苏黎明临走前说。

那天以后，沈佳宜再也没遇到过他。

一周后，沈佳宜陪着失恋的小灯笼在小区转脚的咖啡屋闲坐。

这家店真的很奇怪，打着卖咖啡的幌子，却摆着三张麻将桌和两个台球桌，门口的冷柜里有各种冷饮，冬天还卖微波紫薯和台湾烤肠。

三天前，她们在这个地方，撞见小灯笼的男人和一个漂亮女孩，依偎在一起，旁若无人，如胶似漆。

小灯笼的手脚抖得像抽筋，眉毛纠结地皱着，嘴巴紧抿，但依然维持着最后一分定力，将精致的蕾丝桌布扯下来，咖啡杯和花瓶哗啦啦碎了一地。男人愤怒地抬头，在看到小灯笼之后表情也立刻碎了一般。

小灯笼优雅地转过身，拉着沈佳宜向靠窗的位置走去，对身边惊慌的服务员说：“去找那位先生，他会赔偿你们的。”

小灯笼对待爱情素来潇洒，奉“女人应该在恋爱时将特权使用到极致”为真理。

她把爱情当战场，以相同的姿态考验不同的恋人，以至于在不断被辜负的岁月里，变得刀枪不入，百毒不侵。

沈佳宜相信，她一定会重新振作，直到找到真正的另一半儿。

回家的路上，暴雨突袭。

沈佳宜狼狈地躲在商铺外面，抱着胳膊等待雨停。

这时，她莫名地想起了苏黎明，在她歇斯底里指责他不够爱她的那个夜晚，他说："玩浪漫是技术活，会讨好你的，不一定懂爱。"

苏黎明不善言辞，不会说甜言蜜语。但他会在这样的大雨天赶来接她，会在姨妈来访的日子煮姜汁红糖，在她衣装单薄时态度强硬地递上一件厚外套……

人人都有自己的爱情模板。你因为他猜不透你的心思而生闷气，你等他来哄，等他道歉，事实上，他根本不知道自己哪里错了。你以为他应该明白，能够理解，但，有些事，有些心思，你不说，他可能永远也不会知道。

雨水蒙住了眼，却清醒了心，沈佳宜打算在雨停后给苏黎明打个电话，说声对不起，是她不懂爱的多巴胺。

生活不可能没有波澜。你以为某段风景最残酷，在艰难走过后才发现，最残酷的往往也是最曼妙的；你以为前方是绝路，走过才能看到希望就在转角。

绝望在前方，希望在转角

周末，最好的朋友夏薇打电话给我。她在遥远的慕尼黑，正在一家很赞的酒馆里和一帮留学生快活地喝酒吃肉。热情的法国小妞喝high了会站起来跳舞。

她对我说："人生在世，快意二字。邱邱，真希望你也来这里放放风。"

我和夏薇，我们的人生截然不同。

夏薇家境富裕，外表出色，成绩优秀，从小就是命运的宠儿。

她并没有在优越的成长环境里恣意。大学毕业后，夏薇以优秀的成绩奔向了慕尼黑大学。

而我和她相反，我没有漂亮的脸蛋，也没有骄人的成绩，更没有显赫的家世。

我是个本分的女孩，本分得现实，只存在合理范围的期待，只许可与实现相符的愿望。

当然，我知道，我的内心并不如行动一样本分。内心世界里的另一个我，很想跳出来，看一看远方。

夏薇，就像一盏小小的明灯。跟她在一起会让我觉得，有一天，我也可以站到傲人的高度。

事实上，我却品尝了太多失败的味道。

柴静说："失败感比口含硬币还苦。"

也许，有些人的成长就是《龟兔赛跑》故事里的那只慢乌龟，在人生的道路上走得颇为缓慢，一路被挫折、沮丧和失落感包围。虽然最终还是走到了终点，但是那毕竟是童话故事。而在现实中的人生旅途，我们不会遇见爱睡懒觉的对手。

想想也是，这才是童话与生活的区别。

我的整个学生时代都是灰败的。我性格内向，沉默寡言，因为功课不好很难交到朋友，发成绩单时被老师责骂，也只会默默地掉眼泪。

每天放学，我常常在一大群拥挤的接孩子的家长群里艰难穿行，饿着肚子，背着书包慢慢踱步。

有的时候，迷糊如我，会忘记带钥匙。

可我不敢给父母打电话，只好坐在家门口的葡萄藤下写作业。

夏天，热风袭人，毛毛虫会偷摸掉下来。

秋天，叶子抖落，伴着瓜果香。

很多时候，夕阳西下，瑰丽的晚霞柔和地晕满天际，宽阔的天空上颜色不停转换，粉色之后是浅紫，紫色逐渐暗下去，就成了一望无际的深蓝。

天空变暗，地上的蚂蚁们头顶着一块块食物，成群结队地往黑黑的洞里赶。

当蚂蚁彻底消失后，妈妈便回来了。

这样的次数一多，她便懒得骂人，只会剜我一眼。

我太明白这种眼神的意义，从小它一直伴着我的成长，让我感到恐慌，它时刻提醒着父母对我有多不满意。

时光如流水，三年一聚，五年一见，我没有太多变化，而我昔日的同伴们却大都已是"同学少年多不贱，五陵裘马自轻肥"。

我也曾努力得不遗余力，只是，成功这东西，从来不是平均分配的。

大学毕业后，我便来到了北京。

为什么？

因为它，够大，够远，够繁华。

最重要的是，太多的作品，文学、影视还有歌曲把这座城市渲染得极好，好像这座城市里没有失败的人。

即使是失败，也是与众不同，它装着诗意，装着悲壮。

人在北京，很容易交到朋友。

因为，只要你连续几次参加同样的饭局，那么，你基本上就可以被纳入某个圈子。熟悉的人在东直门的簋街喝着啤酒，剥麻辣小龙虾，调侃到天明；不熟悉的人一起去吃火锅，火锅袅袅升起的热气遮住了人的脸和眼睛，大家在这样的遮挡下都变得自然起来。

我在北京后，再也没有形单影只。下班之后，我总能很快地找到活动，迅速融入另一堆人群中。

我们从浓重酒气和香烟味道的包厢里出来，前一秒还喧嚣的人群就那么火速地分散了。我紧了紧身上的羽绒服，站在脏兮兮的积雪里目送他们上车。想跟人告别，又找不到合适的人，最后，一个人慢慢地转身离去。

你看，这样的热闹太不真实，是一群落单的人拼凑在一起，互相取暖，一起共勉，却终究是杯盘狼藉后作鸟兽散，萍水相逢，自是分别匆匆。

漂泊的艰辛一言难尽，虽然满腹埋怨，却又不肯离开。

一个人孤独久了，难免渴望转角遇到爱。刚来到北京，我特别渴望爱情，以为爱能抵挡一切，能遮住生活的平淡苍白。

时光流逝，我才发现，爱情在北京这样的大都市，太虚弱无力。

这座城市，人人都需要爱情，人人都渴望爱情。然而，穿梭在拥挤、高压的环境里，大家的恋爱也变得非常现实。

恋爱是为了一起抵抗大都市的高压生活，恋爱也为了降低房租的成本。你不敢问“你爱不爱我”这样的傻问题，你知道这样的关系很脆弱，所以从来不敢去考验它。这样的爱，真让人泄气。

我也去相过几次亲，几顿饭吃下来，也可以理直气壮地去天涯发帖写一写“这些年，我遇到的极品相亲男”。

比如，你屁股尚未坐稳，A男就告诉你：“这餐，我们得AA制。”

比如，你释放出善意的微笑，B男视如无睹，而是像查户口一样严肃地问：“你月薪多少啊？山东哪里的？我可说了，我妈不许我找农村的。”

再比如，你大方埋单时，他轻松地吁了一口气，突然露出大赦天下的表情：“你是不是处女？如果是的话，我们可以交往试试。”

……

我不知道现在的人都怎么了。

过去的年轻人有理想，单纯又善良。男孩靠一把吉他和一首诗就能追到心爱的姑娘。那个时候爱上一个人很简单，不过是，那一天下午阳光明媚，你穿了件白色衬衣，笑容很好看。

这样的单纯美好，怎么都不见了？

在京五年，我时常搬家。

每次拖着破旧又沉重的行李，我就觉得心底很绝望。

二十九岁，青春已经快用光了，我知道这偌大的城市，每天有多少年轻人搭乘县城的老公车坐上火车，兴奋地冲过来。

在一座城市扎根，尤其是北京这样陌生的城市，过程是缓慢而痛苦的，痛苦很长，快乐很短。很多时候，我觉得坚持不住了，想要逃跑的时候，又很快被它偶尔展现的柔情蛊惑，走不成，又继续重复过往的失意。

但，有的人即使被流放到荒野之地也可以过得像总统一样满足，这是为什么？因为，我们过着怎样的生活，始终与自己的心态有关。

生活不可能没有波澜。你以为某段时光最残酷，在艰难走过后才发现，最残酷的往往也是最美丽的；你以为前方是绝路，走过才能看到希望就在转角。

度过了一段很长时间的恐慌期，我终于如愿地与这座城市发生了关系——五环外的一套小居室。虽然，它的首付几乎让我倾家荡产。

师太亦舒说："很小很小的时候，我们都曾立志，要做一个怎么样怎么样的人，我们都曾天真地以为，只要发愤努力，好好做人，愿望就可以达到。要到很久很久以后才发觉，原来，等待着整治我们的，是命运模子。不管我们愿不愿意，便套将上来挤压，终于，我们忍着疼痛在夹缝中奇怪地存活下来。这时，同我们原来的样子，已有着很大的出入。"

人生，你离开或不离开，都会后悔；你接受或不接受，都会后悔。你逃避，你远离，跳来跳去无非还是在生活里躲猫猫。

只是，每沮丧一次，就会发现，原来过去也不是那么面目可憎，甚至，有的旧时光让你觉得很怀念。

人生不进则退，成长岂止是喜、怒、哀、乐几个选项那么简单，迷茫和痛苦更真实而残忍。

人生的路，那么多，那么长，无论你选择哪一条，生活都不会十分完美。

重要的，不是你选了哪条路，而是，无论你选择哪一条，要坚持，要一直好好地走下去。

她愿意继续等，她相信总有一份独属于自己的切合实际的爱情。

我愿信其有

夜色静谧，整个世界昏昏欲睡，苏小菜挂断电话，疲惫得一头栽倒在床上。

这一刻，她真心觉得，生活里最难挨的事不是客户的刁难，而是老妈的催婚电话，响起时你不得不接。

听到妈妈的哽咽，挂断电话的苏小菜也忍不住流下了眼泪。

妈妈哭，是因为她觉得耻辱。

她为什么哭呢？因为给妈妈带来了耻辱吗？还是因为妈妈以她为耻本身呢？

记忆中唯一一次与此接近的感受，好像是小学五年级的那一年。

那一年，苏小菜迷上了上网，常常在上课时间翻墙跑去网吧，成绩自然一落千丈。妈妈从班主任处回来，苏小菜一脸忐忑，出乎意料，没有责骂也没有惩罚，妈妈一个人在客厅里静坐了整整一晚。她在那一刻暗自决定，再也不让那样的落寞出现在妈妈的脸上。

苏小菜实现了自己的承诺，在之后的很多年里，年轻女孩所遭遇过的学习、早恋、工作等问题，她都一一避开了。

小学毕业进重点初中，中考结束进重点高中，高中毕业之前，苏小菜留朴素的短发，穿朴素的衣服。同学们悠闲地享受暑假，她果断地拒绝男生的约会，一个人默默地去上课，苦练舞蹈和手风琴。

大学当然也是重点，毕业前夕，妈妈被“毕业就失业”的舆论困扰，惶惶不能入眠。直到苏小菜将著名企业的录用通知拿出来的那一刻，她才扬起头露出欣慰的笑容。

苏小菜以为终于能松一口气，结果才发现她还是没能做好。就在半小时之前，电话另一端，妈妈冲着她喊“你让我们觉得很丢脸”的时候，她的心突然“哗啦”一声碎了一地。

苏小菜声音温柔，性格倔强。她信命却不认命，一直都觉得自己才是人生的主宰。在“嫁人”这门科目上，苏小菜显然是完全不合格的特差生，所以她很努力地用生活里的其他科目来弥补不足。

可是，在妈妈喊出那句伤害彼此的话的时候，她才发现，她的主考官居然一直都是妈妈。

在她二十九岁之前，她和妈妈目标一致，一路都是乖乖牌，她要做好女孩，好学生，好女儿。可是，在她二十九岁之后，情况突然急转突变，因为睿智的老妈发现，女儿的人生忽略了最重要的一门课程——女人再优秀，也必须是一个男人肯要的女人。少了这一科目，成绩单上的其他科目再优秀都是白搭。

事实上，她们的目标仍然是一致的。

只是，这一科目跟前面其他科目完全不同，它涉及心灵，直抵内心。身体可以无坚不摧，可以咬紧牙关豁出一切去努力，心却不行，它实在没办法刀枪不入，将自己献给一个不爱的男人。

苏妈常在电话里跟苏小菜谈身边的“时事政治”：“我的老同事，你王阿姨家的女儿出嫁了。”“我的老同学，你肖叔叔家的女儿也嫁人了。”“咱们家隔壁邻居甄阿姨，她女儿比你还小两岁，如今孩子都三岁了。”……

苏小菜知道，在这些热闹的喜事中，“姑娘没人要”的自主意识在日积月累中变成了一片巨大的霾，笼罩在苏爸和苏妈的头顶上。她在这片阴影下的种种努力和表现，他们视而不见。他们如此愤怒，是因为苏小菜的不积极和不恨嫁。

事实呢？

事实上，苏小菜还是积极响应，也很努力的。

起初，苏小菜只向极少数对她真诚善意的朋友坦露恨嫁之心，只是，在爸妈催嫁的巨大阴影下，她放弃了自尊。

她自揭伤疤，向周围每一个有可能提供帮助的人坦露剩女的身份，即使她知道，他们中的某些人仅仅把此当做茶余饭后的谈资。

苏小菜很积极，相比二十七岁的勉为其难，现在的她简直堪比相亲领域的专家，每逢周末必相亲。她甚至都记不清在或大或小、或考究或随便的餐厅和咖啡馆，见过多少或胖或瘦、或拘谨或开放的男人了。

在去相亲的路上，苏小菜每次都衷心地希望这个男人是最后一个，她甚至忍不住去憧憬带这个男人回家的情景，她会有多甜蜜，苏妈会有多开心。

为了这份憧憬，苏小菜在每一次约会中都扮尽温柔，笑容尽量含蓄，动作尽量可爱，目光尽量优雅地迎合坐在她对面的男人。但他们却没有表现出对她相应的尊重。

身高不足170公分的A，尚不足35岁，头顶已经微显地中海风貌。他们的第一次约会，他丝毫没有付账的意思，第二次约会仍然如此。

当然这不是最重要的。重要的是，他跟苏小菜表示，婚后必须赡养他的父母，但是，他不会赡养苏爸苏妈。

她还以“呵呵”两字，让他出局。

B君，看上去温文尔雅，尤其讲究效率，只是在第一次见面就尝试去摸她的手，揽她的腰，并一度暗示，性生活和谐与否是他决定结不结婚的关键。

她再度笑笑，以一杯美味的咖啡问候了他的脸。

沉默的C君，纯粹是给孩子找保姆，他诚实又坦白，孩子喜欢他就喜欢，如果有一天孩子容不下，那么就让她立刻滚蛋。

她连笑容都吝啬给，很干脆地离开。

……

当然，这期间也不乏她看上了却看不上她的情况。

重结果讲效率的社会，现在的男人已然现实很多，苏小菜在大多数时候都会在落座的那一刻，就发现对方眼底的失望。男人终归是视觉系，且不论他自己长成什么样，苏小菜却真的谈不上美丽。

既然第一眼印象没有惊艳的视觉冲击，双方又是在如此赤裸的环境认识，男人也就不介意坦露自己的本性。这种本性，很显然比你在生活中偶然认识他要不可爱得多。

尽管现实如此让人心寒，不美的苏小菜依然幻想能遇到一个志趣相投的男人。

她一直深信，总有一天，会有这么一个可爱的男人为她而来。

难道，这样的等待，就成了他人不谅解的原因吗？

越来越多的女孩之所以莫名其妙被放到剩女的位置上，是社会发展的必然。

生活越来越费力，男人已被清晰地贴上“可嫁”与“不可嫁”的标签，甚至，许多年轻的姑娘只愿意和大叔型的老男人纠缠在一起。当然，这仅仅只是客观的原因之一。究其根本，你不得不承认，是女人的选择权增多了。

现在的女人，强大到足够养活自己。当然，它指的不仅仅是一份免饥免渴的工作，还有一个能支撑自己的内心。

苏小菜就认为自己能够生活得很好，她不需要男人指点，也不需要男人为她扛大米。

缺什么物品，打开电脑点击网页，就有快递小哥将东西送至跟前。

至于散心，只要她想，一个电话就能让专业的旅行社打点好一切。

如此，她也就随之有了更多的选择，选择等待和期望，选择拒绝和放弃。这样的选择跟年龄有什么关系？无论她三十岁还是四十岁，依然有这样的权利，不是吗？

苏小菜怔怔地望着天花板，她想起了陈钢。

她在朋友圈，看到了他的照片：微微发福的他，双手高高举着孩子，笑得合不拢嘴，这样的他与苏小菜记忆里的样子相差甚远。

看着照片，苏小菜才惊觉时间已经过去了这么久。

陈钢是她的大学同学。岁月的风火轮转了几转，昔日的同学只有他和苏小菜还是孤家寡人。

他跟她一样长期奔波在去相亲的路上。

每次相亲失败，他总对她说："没关系，我愿信其有。"然后，又精神抖擞地参加下一次相亲。

从什么时候呢？他居然也修成了正果，真好啊。

这么想着，苏小菜就开心了。

她过得很好，工作很努力，理财也颇有成效。她很确定自己生活积极，不会变成性格孤僻的老女人。

至于"嫁人"这件事，她不会放弃，也依然憧憬。她会奔着这个念头内外兼修，哪怕是出门倒垃圾也会妆容精致，服装得体。谁敢保证那个可以共处一生的人不会就此出现呢？

她愿意继续等，她相信总有一份独属于自己的切合实际的爱情。